基于工业控制编程语言 IEC 61131-3 的数控系统软件设计

郇 极 靳 阳 肖文磊 著

北京航空航天大学出版社

内 容 简 介

IEC 61131—3 是可编程控制器(PLC)编程语言国际标准,主要用于编写工业自动化设备系统控制程序。本书介绍 IEC 61131—3 编程语言的结构和语法规则、数控系统控制原理和结构、采用 IEC 61131—3 编程语言的数控系统软件结构及其编程方法,包括:数控编程语言、译码方法、刀补计算、插补计算、坐标变换、PLC 控制、伺服现场总线、系统运行管理、人机操作界面、程序组织、模块划分、模块连接关系、控制命令传递、模块信息交换、数据结构等。此外,本书还提供了大量编程示例。

本书可作为工业自动化和计算机控制专业研究生教材或教学参考书,亦可作为数控系统开发人员的专业工具书。

图书在版编目(CIP)数据

基于工业控制编程语言 IEC 61131—3 的数控系统软件设计 / 郇极,靳阳,肖文磊著. --北京:北京航空航天大学出版社,2011.8
ISBN 978-7-5124-0485-4

Ⅰ.①基… Ⅱ.①郇… ②靳… ③肖… Ⅲ.①工业控制系统:数字控制系统—系统软件—软件设计 Ⅳ.①TB4 ②TP273

中国版本图书馆 CIP 数据核字(2011)第 122507 号

版权所有,侵权必究。

基于工业控制编程语言 IEC 61131—3 的数控系统软件设计

郇 极 靳 阳 肖文磊 著

责任编辑 李文轶

*

北京航空航天大学出版社出版发行

北京市海淀区学院路 37 号(邮编 100191)　http://www.buaapress.com.cn
发行部电话:(010)82317024　传真:(010)82328026
读者信箱:bhpress@263.net　邮购电话:(010)82316936
涿州市新华印刷有限公司印装　各地书店经销

*

开本:787 mm×1 092 mm　1/16　印张:12.5　字数:320 千字
2011 年 8 月第 1 版　2011 年 8 月第 1 次印刷　印数:4 000 册
ISBN 978-7-5124-0485-4　定价:28.00 元

若本书有倒页、脱页、缺页等印装质量问题,请与本社发行部联系调换。联系电话:(010)82317024

前 言

  IEC 61131－3 是国际电工委员会(IEC)颁布的可编程控制器(PLC)编程语言国际标准，用于规范可编程控制器编程工具和应用控制程序开发。在 PLC 技术的发展过程中，形成了多种编程语言，其中 5 种编程语言获得广泛应用：指令表(IL，Instruction List)、结构化文本(ST，Structured Text)、梯形图(LD，Ladder Diagram)、功能块图(FBD，Function Block Diagram)和顺序功能图(SFC，Sequential Function Chart)。IEC 61131－3 标准以这 5 种编程语言为基础，对其变量类型定义、语法规则、程序组织结构等做出了统一规定。同时将计算机技术领域的先进编程技术引入到可编程控制器编程，形成工业控制编程语言标准。大大增强了可编程控制器编程语言的功能、结构化和模块化水平，以及提高了编程效率和程序的可重用性。

  IEC 61131－3 标准已经被工业自动化控制技术领域广泛采用，国外有一批 PLC 编程工具供应商专门提供 IEC 61131－3 编程语言工具。PLC 控制产品生产商通常购买这些编程工具的使用权，应用于自己的产品中。PLC 控制器用户采用 IEC 61131－3 语言编写自己的应用程序，完成工程开发。

  本书作者长期从事数控系统软件编程技术研究和控制程序开发工作，一直关注 IEC 61131－3 标准编程语言的发展，探索使用 IEC 61131－3 编程语言编写数控系统软件的方法，并开展相关的研究和试验工作，开发出基于 IEC 61131－3 编程标准的数控系统样机。实际开发成果表明，IEC 61131－3 编程语言为数控系统软件开发提供了一种新的编程方法和工具。它比使用常规计算机编程语言编写数控系统软件具有更大的优越性。

  IEC 61131－3 为数控系统软件提供了一种模块化和可视化的编程语言。使用 IEC 61131－3 的功能块图编程方法，可以将控制功能划分和封闭在功能块内，通过清晰的连接关系构成系统，同时也方便模块的更换、增加和去除，使数控系统软件成为可重构的开放式系统。功能块图对内部和外部数据变量的操作有严格的权限规定，变量具有读写属性和作用域，自动保证了模块功能的封闭性和数据的安全性。本书介绍 IEC 61131－3 编程语言的结构和语法规则、数控系统的软件结构、采用 IEC 61131－3 的数控系统软件结构、编程方法和程序示例。

  本书的章节安排如下：

  第 1 章为概述，简要介绍 IEC 61131－3 标准的产生和组成结构、数控系统软件的控制原理和结构、IEC 61131－3 作为数控系统软件开发语言的技术优越性。

  第 2 章介绍了 IEC 61131－3 标准编程语言的 5 种编程方式及其程序示例。

  第 3 章介绍了数控系统及其控制软件的整体构架。

  第 4 章给出了 IEC 61131－3 编程语言的标准体系、程序结构、变量类型。

  第 5 章详细叙述了基于功能块图和结构化文本语言的数控系统软件设计。

  第 6 章介绍了数控系统软件的控制原理、实现方法、程序和数据结构的设计流程。

第 7 章介绍了数控系统数据和参数的结构。

附录 A 介绍了 ISO 6983 数控编程指令国际标准。

附录 B 介绍了本书使用的自定义 G 指令代码。

本书既是一本介绍使用 IEC 61131-3 标准编写数控系统软件的书，同时也是一本学习数控系统控制软件的原理和编程方法的书。使用 IEC 61131-3 图形编程语言和数据关系描述，使我们更容易理解和掌握数控系统软件的结构，特别是功能模块的划分、接口、数据流、以及复杂的实时数据处理关系。读者通过本书学习，掌握了数控系统软件的原理和结构以后，对使用其他编程语言（例如 C 语言）编写数控系统软件也会有很大帮助。本书所介绍的数控机床控制系统模块化软件结构和设计方法也适用于基于数字传动技术的数控机械控制系统设计，例如数控印刷机、纺织机等。

郇 极

2011 年 5 月于北航

目 录

第1章 概 述 ... 1

1.1 IEC 61131-3 编程语言标准 ... 1

1.2 数控系统和控制软件 ... 2

1.3 本书撰写特点 ... 3

第2章 IEC 61131-3 标准编程语言简介 ... 4

2.1 指令表(IL) ... 5

2.2 结构化文本(ST) ... 7

2.3 梯形图(LD) ... 8

2.4 功能块图(FBD) ... 9

2.5 顺序功能图(SFC) ... 13

第3章 数控系统和软件结构 ... 16

3.1 数控机床和控制系统 ... 16

3.2 数控系统软件结构 ... 16

    3.2.1 控制数据流 ... 18

    3.2.2 操作和运行控制 ... 18

    3.2.3 数控系统软件的功能图描述 ... 18

第4章 IEC 61131-3 标准体系和语言结构 ... 21

4.1 软件体系结构 ... 21

    4.1.1 软件模型 ... 21

    4.1.2 程序结构 ... 23

    4.1.3 程序组织单元(POU) ... 24

4.2 数据类型和变量 ... 24

    4.2.1 数据类型 ... 24

    4.2.2 变 量 ... 26

第5章 基于功能块图和结构化文本语言的数控系统软件设计 ... 30

5.1 功能块图(FBD)语言 ... 30
5.1.1 功能块的定义和变量声明 ... 31
5.1.2 程序示例1 ... 33
5.1.3 程序示例2 ... 34
5.1.4 程序示例3 ... 36

5.2 结构化文本(ST)语言 ... 38
5.2.1 程序语句 ... 38
5.2.2 标准功能 ... 40
5.2.3 典型语句示例 ... 42

5.3 数控系统软件模块和连接 ... 45
5.3.1 功能块 ... 45
5.3.2 数据电缆 ... 45
5.3.3 组件和组件数据 ... 46
5.3.4 数据标记 ... 47

第6章 数控系统软件设计 ... 49

6.1 系统总体结构 ... 49
6.1.1 数控加工程序预处理功能库 ... 51
6.1.2 运动和PLC控制程序 ... 51
6.1.3 操作和系统运行管理任务 ... 51

6.2 系统数据结构 ... 54
6.2.1 常数全局变量 ... 54
6.2.2 系统全局变量 ... 54
6.2.3 参　　数 ... 55
6.2.4 数据电缆 ... 55
6.2.5 组件变量 ... 55
6.2.6 功能库变量 ... 55

6.3 数控加工程序预处理功能库 ... 56
6.3.1 数控加工程序和指令 ... 56
6.3.2 数控加工程序读入模块 ... 59

目 录

  6.3.3 译码器 ··· 62

  6.3.4 编程坐标系处理 ··· 66

  6.3.5 刀具半径和长度补偿 ·· 72

  6.3.6 写控制指令缓冲区 FIFO ·· 75

 6.4 数控加工程序预处理功能库的运行控制 ······································ 77

  6.4.1 数控加工程序预处理功能库的调用模块 ························· 77

  6.4.2 数控加工程序预处理功能库的调用时序和控制 ··············· 78

  6.4.3 程序示例 ··· 79

 6.5 运动和 PLC 控制 ·· 82

  6.5.1 读控制指令缓冲区 FIFO ·· 82

  6.5.2 插补器组件 ·· 83

  6.5.3 手动进给 ··· 115

  6.5.4 坐标变换模块 ··· 121

  6.5.5 机床误差补偿 ··· 128

  6.5.6 机床传动匹配 ··· 132

  6.5.7 现场总线驱动 ··· 136

  6.5.8 伺服状态监视 ··· 141

  6.5.9 PLC 控制 ··· 143

 6.6 操作与运行管理 ·· 146

  6.6.1 操作和显示(HMI) ··· 146

  6.6.2 系统运行管理 ··· 154

第7章 系统数据定义 ··· **159**

 7.1 常数全局变量 ··· 160

 7.2 系统全局变量 ··· 163

 7.3 参 数 ··· 168

  7.3.1 配置参数 ··· 168

  7.3.2 系统参数 ··· 169

  7.3.3 刀具参数 ··· 170

  7.3.4 坐标系参数 ·· 170

 7.4 数据电缆 ··· 171

    7.4.1 主程序数据电缆定义 …………………………………………… 172

    7.4.2 系统全局数据电缆定义 …………………………………………… 176

    7.4.3 数控加工程序预处理功能库数据电缆 …………………………… 179

  7.5 主程序和功能库程序内部变量数据结构 ………………………………… 182

    7.5.1 主程序组件变量数据结构 ………………………………………… 182

    7.5.2 数控加工程序预处理功能库内部变量数据结构 ………………… 184

附录 A　ISO 6983 数控编程指令标准 …………………………………………… **186**

  A.1 字符集 ……………………………………………………………………… 186

  A.2 G 指令集 …………………………………………………………………… 188

  A.3 M 指令集 …………………………………………………………………… 190

附录 B　自定义指令代码 ………………………………………………………… **191**

参考文献 …………………………………………………………………………… **192**

第1章 概 述

20世纪80年代是可编程控制器(PLC)的一个快速发展阶段,在应用过程中形成了多种编程语言。为了促进和支持可编程控制器的发展和应用,国际电工委员会(IEC, International Electro-Technical Commision)开始着手制定可编程控制器国际标准,经过多年工作,于1992年开始陆续发布标准,编号为IEC 1131。编程语言标准是其中的一个主要组成部分,于1993年颁布,编号为IEC 1131-3。后来由于IEC标准编号系统的扩展,标准编号变更为IEC 61131,其编程语言标准编号变更为IEC 61131-3。

IEC 61131标准由8个部分组成,其作用和发布情况如下:
- IEC 61131-1 通用信息(1992);
- IEC 61131-2 设备特性(1992);
- IEC 61131-3 编程语言(1993);
- IEC 61131-4 用户导则(1995);
- IEC 61131-5 通信(2000);
- IEC 61131-6 现场总线通信(现场总线标准,尚待完成);
- IEC 61131-7 模糊控制编程(2000);
- IEC 61131-8 编程语言和实现导则(2001)。

中国根据国际标准体系等效原则,颁布了对应的国家标准GB/T 15969.1~8,等效于IEC 61131-1~8。

1.1 IEC 61131-3编程语言标准

在20世纪80年代PLC技术的迅速发展过程中,形成了多种编程语言,其中5种编程语言获得了广泛应用。IEC 61131-3标准以这5种编程语言为基础,对其数据类型、变量结构、语法规则、程序组织等做出了统一规定,形成工业控制编程语言标准。IEC 61131-3标准将计算机技术领域的先进编程技术引入到可编程控制器,例如:结构化和模块化编程技术、面向对象编程技术、可视化编程技术等。同时将这些技术与传统的可编程控制器编程技术结合,例如支持梯形图和指令表编程语言。极大地增强了编程语言的功能,提高了编程效率、质量和可读性。它注重工业控制语言设计的模块化结构、具有很强的兼容性、互换性、开放性、重复使用特性,为基于可编程控制器的工业控制装置和系统控制软件设计提供了新的方法。并且为设备的制造、安装和维护带来极大方便。

IEC 61131-3标准规定5种编程语言:指令表(IL, Instruction List)、结构化文本(ST, Structured Text)、梯形图(LD, Ladder Diagram)、功能块图(FBD, Function Block Diagram)和顺序功能图(SFC, Sequential Function Chart)。国外有一批专业的PLC编程工具供应商提

供 IEC 61131－3 编程语言工具，例如：德国 3S 公司的 CoDeSys、德国 KW 公司的 MULTIPROG、德国 Infoteam 公司的 OpenPCS 等。PLC 控制产品的生产商通常购买这些编程工具的使用权，将其应用在自己的产品中。本书的示例程序就是在德国 Beckhoff 自动化系统公司的可编程控制系统 TwinCAT 上编写的。TwinCAT 使用了德国 3S 公司的 IEC 61131－3 标准编程工具 CoDeSys。

1.2 数控系统和控制软件

数控机床由计算机控制产生工作台和主轴运动，执行加工程序规定的运动顺序、速度和轨迹，完成零件的加工。数控机床由 3 个主要部分组成：机床机械本体、伺服驱动（伺服装置和电机）、数控系统（装置）。数控系统也称 CNC 控制系统（Computer Numerical Controller），是数控机床的核心控制装置，它是一个专用的控制计算机或者是在 PC 计算机结构基础上构建的控制计算机。数控系统通过控制伺服装置和电机，产生机床工作台和主轴的运动。数控系统的主要部件与计算机相同，由 CPU、内部存储器、外部存储器、显示器、键盘、外部设备接口组成。

为了实现对数控机床的控制，必须为它设计开发专门的控制程序，称为数控系统控制软件。控制软件的主要任务包括：实时操作系统或中断调度系统、编写和管理数控加工程序、机床工作台运动轨迹的控制计算、主轴控制、辅助设备控制（冷却泵、夹具等）、人机操作界面等。数控系统软件使用通用的计算机编程语言编写，目前主要采用 C 语言编写。数控系统的性能取决于计算机硬件和数控软件功能，而数控软件的功能、可靠性和开发成本则取决于它的编程语言。

数控系统编程语言与计算机编程语言同步发展，在历史上经历以下 3 个主要阶段：
- 20 世纪 70 年代及之前：机器代码；
- 20 世纪 70 年代中期－80 年代中期：汇编语言；
- 20 世纪 80 年代中期－目前：C 语言。

IEC 61131－3 是用于工业控制系统的编程语言国际标准，它为工业控制系统软件开发提供了设计工具和设计规范。代表了工业控制软件设计技术的进步和发展方向。也是未来数控系统软件编程的发展方向。

本书作者长期从事数控系统软件编程技术研究和控制程序开发工作，关注 IEC 61131－3 标准编程语言的发展，探索使用 IEC 61131－3 编程语言编写数控系统软件的方法，并开展相关的研究和试验工作，开发出基于 IEC 61131－3 编程标准的数控系统样机。实际开发成果表明，IEC 61131－3 编程语言为数控系统软件开发提供了一种新的语言和编程方法。使用 IEC 61131－3 语言编写数控系统软件的主要优越性是：

① 具有面向工业自动化设备控制的图形化编程功能；
② 具有计算机高级编程语言的结构化和面向对象特征，提供强大的系统规划、功能模块划分、组合和封装功能；
③ 具有处理复杂和高精度计算的能力；
④ 具有丰富的程序循环控制和逻辑运算处理功能；

⑤ 具有标准化的系统组件数据通信功能；

⑥ 具有标准化的外部设备接口功能。

IEC 61131-3 的功能块图编程方法提供图形编程功能，用图形表示功能块的输入、输出以及与其他模块的连接关系，可以直接形成系统的结构图。使用 IEC 61131-3 的功能块图编程方法，可将控制功能划分和封闭在功能块内，通过清晰的连接关系构成系统，同时也便于模块的更换、增加和去除，使数控系统软件成为可重构的开放式系统。功能块图对内部和外部数据变量的操作有严格的权限规定，变量具有读写属性和作用域，自动保证了模块功能的封闭性和数据的安全性。

功能块内部可以嵌套子功能块，也可以在功能块内部采用结构化文本语言(ST)编程，实现强大的数学运算和逻辑处理功能。当需要扩充系统功能时，可以定义和开发一个新的功能块，它具有与系统其他相关模块连接的输入、输出接口，经过测试后，可以将其连接到系统中，成为数控系统软件的组成部分。也可以在不改变模块接口定义的情况下，开发具有新功能的模块，替换原有的模块，集成到系统中。以上编程特征特别适合将机床用户要求的特殊功能集成到标准数控系统中，这部分的编程工作可以由用户完成。使用 IEC 61131-3 编程语言比使用常规计算机编程语言编写数控系统软件具有更大的优越性。

1.3 本书撰写特点

本书注重介绍数字控制系统的控制原理、系统结构、程序组织、模块划分、模块连接关系、控制命令传递、模块工作状态传递、数据组织等。为了便于读者理解以及由于篇幅限制，省略一些具体的计算、逻辑处理、错误报警、命令和状态互锁等程序细节。它不影响读者对 IEC 61131-3 编程语言编程方法的了解。

作者采用功能块图(FBD)和结构化文本(ST)混合编程技术完成数控系统软件开发。利用 IEC 61131-3 标准的功能特点，针对数控软件设计，提出了"数据电缆"和"数据标记"变量类型。它也是用 IEC 61131-3 编程语言编写数控系统软件的关键技术之一。

本书内容也非常适合数控系统控制软件的设计原理和编程方法的学习。使用 IEC 61131-3 的图形编程语言和数据关系描述，使我们更容易理解数控系统软件结构，特别是功能模块的划分、接口、数据流以及复杂的实时数据处理关系。读者通过本书学习，掌握了数控系统软件的原理和结构以后，也可以使用其他编程语言编写数控系统软件，例如 C 语言。

第 2 章　IEC 61131-3 标准编程语言简介

IEC 61131-3 编程标准规定了 5 种编程语言。其中包括 2 种文本编程语言：指令表(IL, Instruction List)、结构化文本(ST, Structured Text)和 3 种图形编程语言：梯形图(LD, Ladder)、功能块图(FDB, Function Diagram Block)、顺序功能图(SFC, Sequential Function Chart)。

本章以一个典型的继电器控制电路为例，介绍 IEC 61131-3 标准的 5 种编程语言。图 2.1(a)是一个用于控制指示灯开关的继电器控制电路，组成如下：

- HL 为指示灯；
- KM 为继电器；
- SB0 为点亮指示灯控制按钮；
- SB1 为熄灭指示灯控制按钮。

该继电器控制电路的控制动作如下：

（1）按下点亮指示灯控制按钮 SB0，继电器线圈 KM 通电，其中一对触点接通指示灯 HL，指示灯亮，另外一对触点并联 SB0，产生电路自锁；

（2）按下熄灭指示灯控制按钮 SB1，继电器线圈 KM 断电，它的触点断开指示灯 HL，指示灯熄灭。

完成指示灯开关控制的 PLC 控制单元如图 2.1(b)所示，点亮指示灯控制按钮 SB0 连接 PLC 的输入端口 IX0.0，熄灭指示灯控制按钮 SB1 连接输入端口 IX0.1，输出端口 QX0.0 连接指示灯 HL。以下分别介绍使用 IEC 61131-3 标准的 5 种编程语言完成指示灯开关控制的编程方法。

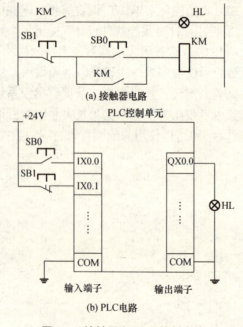

图 2.1　接触器和 PLC 控制电路

2.1 指令表(IL)

采用指令表编程语言实现本例指示灯开关控制的示例程序名称为 il_onoff,由如下 2 部分组成。

(1) 变量声明

```
PROGRAM il_onoff
VAR
    SB0 AT %IX0.0:BOOL;
    SB1 AT %IX0.1:BOOL:=TRUE;
    km:BOOL;
    HL AT %QX0.0:BOOL;
END_VAR
```

(2) 程序体

```
LD      SB0
OR      km
AND     SB1
ST      km
ST      HL
```

在变量声明部分,定义了 4 个变量:
- SB0:输入变量,连接输入端口 IX0.0,变量类型为 BOOL;
- SB1:输入变量,连接输入端口 IX0.1,变量类型为 BOOL,初始化值为 TRUE;
- km:中间变量,变量类型为 BOOL;
- HL:输出变量,连接输出端口 QX0.0,变量类型为 BOOL。

指令表编程语言起源于计算机编程汇编语言。每行文字表示一条控制指令,控制指令由操作符和变量组成。PLC 控制系统运行时由上自下逐行执行控制程序,完成控制动作。本例中程序语句功能如下:
- LD SB0:将输入端口%IX0.0 的状态值写入运算累加器;
- OR km:运算累加器与中间变量 km 做"或"逻辑操作;
- AND SB1:将读入输入端口%IX0.1 的状态值与当前运算累加器内容做"与"逻辑操作;
- ST km:将当前累加器状态写到中间变量;
- ST HL:将当前累加器状态写到输出端口%QX0.0。

PLC 控制器按照设定的控制周期循环执行以上控制语句,实现要求的控制动作。

指令表编程语言主要包括如下控制指令。

(1) 逻辑运算操作符

表 2.1 是逻辑运算操作符的功能说明和示例。

表 2.1　逻辑运算操作符

操作符	语　义	示　例
LD	将操作数装入到运算累加器 CR	LD　SB0
ST	将 CR 内的值赋值给操作数	ST　HL
S	若 CR=1，则将操作数置位为 1	S　SB0
R	若 CR=1，则将操作数复位为 0	R　SB0
AND	逻辑与	AND　SB0
OR	逻辑或	OR　SB0
XOR	逻辑异或	XOR　SB0
NOT	逻辑取反	NOT　SB0

(2) 数学运算操作符

表 2.2 是数学运算操作符的功能说明和示例。

表 2.2　数学运算操作符

操作符	语　义	示　例
ADD	CR 内的值加操作数，并将结果存入 CR	ADD　Var1
SUB	CR 内的值减操作数，并将结果存入 CR	SUB　Var1
MUL	CR 内的值乘以操作数，并将结果存入 CR	MUL　Var1
DIV	CR 内的值除以操作数，并将结果存入 CR	DIV　Var1

(3) 判断和跳转操作符

表 2.3 是判断和跳转操作符的功能说明和示例。

表 2.3　判断和跳转操作符

操作符	语　义	示　例
GT	如果 CR 内的值>操作数，则将 CR 内的值设为 TRUE(大于)	GT　Var1
GE	如果 CR 内的值≥操作数，则将 CR 内的值设为 TRUE(大于等于)	GE　Var1
EQ	如果 CR 内的值=操作数，则将 CR 内的值设为 TRUE(等于)	EQ　Var1
NE	如果 CR 内的值≠操作数，则将 CR 内的值设为 TRUE(不等于)	NE　Var1
LE	如果 CR 内的值≤操作数，则将 CR 内的值设为 TRUE(小于等于)	LE　Var1
LT	如果 CR 内的值<操作数，则将 CR 内的值设为 TRUE(小于)	LT　Var1
JMP	跳转	JMP　A (A 为语句标识符)

（4）子程序调用和返回操作符

表 2.4 是子程序调用和返回操作符的功能说明和示例。

表 2.4 子程序调用和返回操作符

操作符	语　义	示　例
CAL	调用功能、功能块或子程序	CAL　PROG1()
RET	从被调用的功能、功能块或子程序返回	RET

2.2　结构化文本(ST)

采用结构化文本编程语言实现本例指示灯开关控制的示例程序名称为 st_onoff，由如下 2 部分组成：

（1）变量声明

```
PROGRAM st_onoff
VAR
   SB0 AT %IX0.0:BOOL;
   SB1 AT %IX0.1:BOOL:=TRUE;
   km:BOOL;
   HL AT %QX0.0:BOOL;
END_VAR
```

（2）程序体

```
km:=(SB0 OR km) AND SB1;
HL:=km;
```

变量声明部分的定义与"2.1　指令表"中的变量定义相同。结构化文本编程语言起源于计算机高级语言，非常类似于 PASCAL 语言。采用面向变量和操作的文本语言编程，程序结构非常清晰，具有非常丰富的数学运算、逻辑处理功能和程序循环控制功能。PLC 控制系统运行时由上自下逐条执行程序语句，完成控制动作。PLC 控制器按照设定的控制周期循环执行控制语句。本例程序语句的功能如下：

- km:=(SB0 OR km) AND SB1：读入操作按钮 SB0 和 SB1 状态(输入端口%IX0.0 和%IX0.1)，并与中间变量 km 做逻辑运算，然后将运算结果赋值给 km；
- HL:=km：将 km 状态赋值给输出变量(输出端口%QX0.0)。

结构化文本语言是本书介绍数控系统软件编程技术所使用的编程语言，将在"5.2　结构化文本(ST)语言"部分作详细介绍。

2.3 梯形图(LD)

采用梯形图编程语言实现本例指示灯开关控制的示例程序名称为 ld_onoff，由如下 2 部分组成：

(1) 变量声明

```
PROGRAM ld_onoff
VAR
   SB0 AT %IX0.0:BOOL;
   SB1 AT %IX0.1:BOOL:=TRUE;
   km:BOOL;
   HL AT %QX0.0:BOOL;
END_VAR
```

(2) 梯形图

图 2.2 是采用梯形图编程语言编写的本例指示灯开关控制程序。

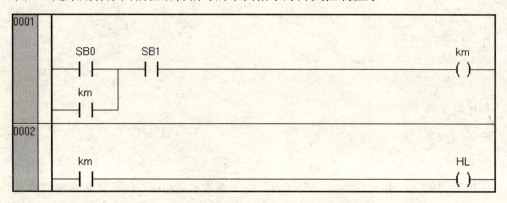

图 2.2　采用梯形图实现本例指示灯开关控制

变量声明部分与"2.1　指令表"中的变量定义相同。梯形图是 PLC 编程中最广泛使用的一种图形化编程语言，来源于传统的继电器逻辑控制电路图。梯形图的编程图形元素与继电器线圈、继电器触点、控制按钮、电源轨线、连接线等电器元件具有一一对应的关系。PLC 控制器按照设定的控制周期由上至下逐行循环执行梯形图的控制语句。

以下是梯形图语言的编程元素。

(1) 触点元素

表 2.5 是梯形图触点元素的功能说明。

(2) 线圈元素

表 2.6 是梯形图线圈元素的功能说明。

第 2 章 IEC 61131-3 标准编程语言简介

表 2.5 梯形图触点元素

操作符	语 义
变量名 —┤ ├—	常开触点： 如果变量逻辑状态为 TRUE，处于逻辑连接状态，否则处于非连接状态。
变量名 —┤/├—	常闭触点： 如果变量逻辑状态为 FALSE，处于逻辑连接状态，否则处于非连接状态。
变量名 —┤P├—	正跳变触发触点： 当左边状态为 TRUE，同时变量状态由 FALSE 变为 TRUE 时，处于逻辑连接状态，并保持到下一次运算操作，否则处于非连接状态。
变量名 —┤N├—	负跳变触发触点： 当左边状态为 TRUE，同时变量状态由 TRUE 变为 FALSE 时，处于逻辑连接状态，并保持到下一次运算操作，否则处于非连接状态。

表 2.6 梯形图线圈元素

操作符	语 义
变量名 —( )—	线圈： 将左边状态复制给变量，并决定连接状态。
变量名 —(/)—	取反线圈： 将左边状态取反复制给变量，并决定连接状态。
变量名 —(S)—	锁存线圈： 左边状态为 TRUE 时，变量值为 TRUE，并保持到对它进行复位操作为止。
变量名 —(R)—	复位线圈： 用于复位锁存线圈，左边状态为 TRUE 时，变量值为 FALSE。
变量名 —(P)—	正跳变线圈： 当左边状态由 FALSE 变为 TRUE 时，变量值为 TRUE，并处于逻辑连接状态，保持到下一次运算操作。
变量名 —(N)—	负跳变线圈： 当左边状态由 TRUE 变为 FALSE 时，变量值为 TRUE，并处于逻辑连接状态，保持到下一次运算操作。

2.4 功能块图(FBD)

采用功能块图编程语言实现本例指示灯开关控制的示例程序名称为 fdb_onoff，由如下 2 部分组成：

(1) 变量声明

```
PROGRAM fbd_onoff
```

```
VAR
   SB0 AT %IX0.0:BOOL;
   SB1 AT %IX0.1:BOOL:=TRUE;
   km:BOOL;
   HL AT %QX0.0:BOOL;
END_VAR
```

(2) 功能块图

图 2.3 是采用功能块图编程语言编写的本例指示灯开关控制程序。

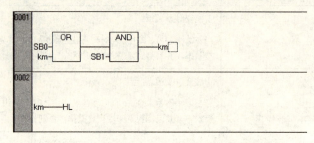

图 2.3　功能块图实现的本例指示灯开关控制

变量声明部分与"2.1　指令表"的变量定义相同。功能块图是一种图形编程语言，类似于自动控制系统的结构图和数字逻辑图，由功能(逻辑)元件和连线元素组成。PLC 控制器按照设定的控制周期由左向右，由上至下逐行循环执行功能块图的编程语句。

本例程序的 0001 语句表示中间变量与输入按钮的逻辑关系：

```
km=(SB0 OR km) AND SB1
```

0002 语句表示将中间变量值输出。

以下是 IEC 61131－3 标准功能块相应功能的介绍。

(1) 逻辑功能

表 2.7 是标准功能块逻辑功能的说明。

表 2.7　标准功能块逻辑功能

图　形	语　义	示　例
AND	逻辑与	AND　IN1　IN2　—OUT
OR	逻辑或	OR　IN1　IN2　—OUT
NOT	逻辑取反	NOT　IN1　—OUT
XOR	逻辑异或	XOR　IN1　IN2　—OUT

(2) 算术运算

表 2.8 是算术运算标准功能块的说明。

表 2.8 算术运算标准功能块

图 形	语 义	示 例
ADD	加	ADD IN1, IN2 → OUT
SUB	减	SUB IN1, IN2 → OUT
MUL	乘	MUL IN1, IN2 → OUT
DIV	除	DIV IN1, IN2 → OUT

(3) 字符串处理

表 2.9 是字符串处理标准功能块的说明。

表 2.9 字符串处理标准功能块

图 形	语 义	示 例
LEN / STR	获取字符串 STR 的长度	LEN STR1→STR → OUT
LEFT / STR / SIZE	获取字符串 STR 的最左边 SIZE 个字符	LEFT STR1→STR, SIZE→SIZE → OUT
RIGHT / STR / SIZE	获取字符串 STR 的最右边 SIZE 个字符	RIGHT STR1→STR, SIZE→SIZE → OUT
MID / STR / LEN / POS	获取字符串 STR 第 POS 个字符开始的 LEN 个字符	MID STR1→STR, LEN→LEN, POS→POS → OUT
CONCAT / STR1 / STR2	将字符串 STR2 添加到字符串 STR1 的末尾	CONCAT STR1→STR1, STR2→STR2 → OUT
INSERT / STR1 / STR2 / POS	把字符串 STR2 插入到字符串 STR1 中第 POS 个字符后	INSERT STR1→STR1, STR2→STR2, POS→POS → OUT

续表 2.9

图 形	语 义	示 例
DELETE STR LEN POS	从字符串 STR 的第 POS 个字符开始，删除 LEN 个字符	DELETE STR1—STR LEN—LEN —OUT POS—POS
REPLACE STR1 STR2 LEN POS	从字符串 STR1 的第 POS 个字符开始，用字符串 STR2 代替 STR1 的 LEN 个字符	REPLACE STR1—STR1 STR2—STR2 —OUT LEN—LEN POS—POS
FIND STR1 STR2	从字符串 STR1 中查找第一次出现字符串 STR2 的开始位置	FIND STR1—STR1 —OUT STR2—STR2

(4) 选择和比较处理

表 2.10 是选择和比较处理标准功能块的说明。

功能块的内部功能也可以根据控制功能要求进行编程实现，输入、输出接口也可以由程序定义。功能块图编程语言是本书介绍数控系统软件编程技术所使用的编程语言，将在"5.1 功能块图(FBD)语言"部分对它做更详细介绍。

表 2.10 选择和比较处理标准功能块

图 形	语 义	示 例
SEL	2 路选择： 若 G=0，则 OUT=IN0 若 G=1，则 OUT=IN1	SEL G— IN0— —OUT IN1—
MUX	多路选择： 依据输入 K 值，选择 IN0~INn 之一作为输出	MUX K— IN0— —OUT ⋮ INn—
MAX	最大值： 输出两个输入中的较大值	MAX IN0— —OUT IN1—
MIN	最小值： 输出两个输入中的较小值	MIN IN0— —OUT IN1—
LIMIT	限值器： 将输出值限制在最大值 MX 和最小值 MN 之间	LIMIT MN— IN— —OUT MX—

2.5 顺序功能图(SFC)

采用顺序功能图编程语言实现本例指示灯开关控制的示例程序名称为 sfc_onoff,由如下 2 部分组成:

(1) 变量声明

```
PROGRAM sfc_onoff
VAR
    SB0 AT %IX0.0:BOOL;
    SB1 AT %IX0.1:BOOL:=TRUE;
    km:BOOL;
    HL AT %QX0.0:BOOL;
END_VAR
```

(2) 顺序功能图

图 2.4 是用顺序功能图编程语言编写的本例指示灯开关控制程序。

变量声明部分与"2.1 指令表"中变量定义相同。顺序功能图是一种图形编程语言,类似于计算机编程使用的程序流程图,它描述和规定了控制状态的转移条件和控制动作。它的编程元素是"步"STEP、"转换"TRANSIS 和线段。图 2.4 中的方框"entrance"、"on"和"off"为"步"。"步"中包含控制动作,可以用 IEC 61131-3 的其他编程语言编写。SB0、NOT SB1 为"转换"(转换条件),表示"步"的转移选择。根据图 2.4,当 SB0=TRUE 时,选择向"步"on 转移,"步"on 包含用结构化文本编写的程序语句:

```
km:=TRUE;
HL:=km;
```

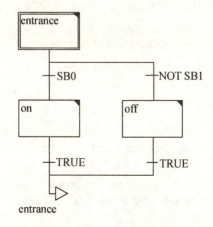

图 2.4 顺序功能图实现的本例指示灯开关控制

表示输出接通指示灯。

当 SB1=NOT TRUE 时，选择向"步"off 转移。"步"off 包含用结构化文本编写的程序语句：

```
km:=FALSE;
HL:=km;
```

表示输出熄灭指示灯。

"步"entrance 为入口，表示程序入口和循环入口。"转换"TRUE 和箭头 entrance 表示返回循环入口。

表 2.11 是顺序功能图的程序元素和结构。

表 2.11 顺序功能图的程序元素和结构[3]

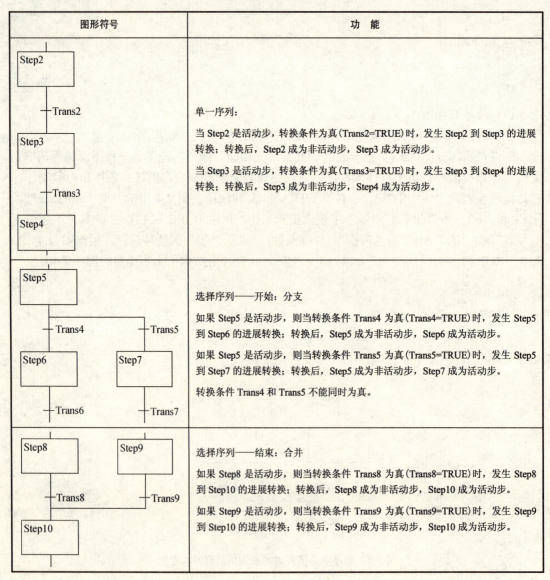

图形符号	功　能
	单一序列： 当 Step2 是活动步，转换条件为真(Trans2=TRUE)时，发生 Step2 到 Step3 的进展转换；转换后，Step2 成为非活动步，Step3 成为活动步。 当 Step3 是活动步，转换条件为真(Trans3=TRUE)时，发生 Step3 到 Step4 的进展转换；转换后，Step3 成为非活动步，Step4 成为活动步。
	选择序列——开始：分支 如果 Step5 是活动步，则当转换条件 Trans4 为真(Trans4=TRUE)时，发生 Step5 到 Step6 的进展转换；转换后，Step5 成为非活动步，Step6 成为活动步。 如果 Step5 是活动步，则当转换条件 Trans5 为真(Trans5=TRUE)时，发生 Step5 到 Step7 的进展转换；转换后，Step5 成为非活动步，Step7 成为活动步。 转换条件 Trans4 和 Trans5 不能同时为真。
	选择序列——结束：合并 如果 Step8 是活动步，则当转换条件 Trans8 为真(Trans8=TRUE)时，发生 Step8 到 Step10 的进展转换；转换后，Step8 成为非活动步，Step10 成为活动步。 如果 Step9 是活动步，则当转换条件 Trans9 为真(Trans9=TRUE)时，发生 Step9 到 Step10 的进展转换；转换后，Step9 成为非活动步，Step10 成为活动步。

续表 2.11

图形符号	功 能
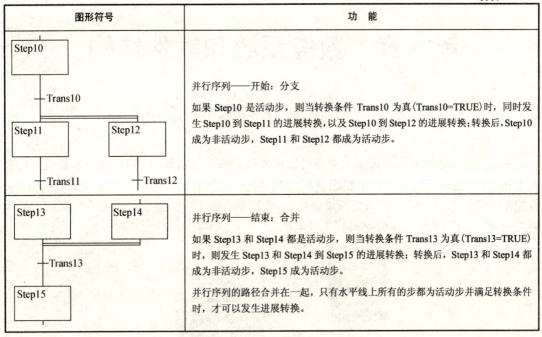	并行序列——开始：分支 如果 Step10 是活动步，则当转换条件 Trans10 为真(Trans10=TRUE)时，同时发生 Step10 到 Step11 的进展转换，以及 Step10 到 Step12 的进展转换；转换后，Step10 成为非活动步，Step11 和 Step12 都成为活动步。
	并行序列——结束：合并 如果 Step13 和 Step14 都是活动步，则当转换条件 Trans13 为真(Trans13=TRUE)时，则发生 Step13 和 Step14 到 Step15 的进展转换；转换后，Step13 和 Step14 都成为非活动步，Step15 成为活动步。 并行序列的路径合并在一起，只有水平线上所有的步都为活动步并满足转换条件时，才可以发生进展转换。

第 3 章 数控系统和软件结构

3.1 数控机床和控制系统

图 3.1 是一台 3 坐标立式加工中心的结构及其数控系统示意图。机床本体包括 X、Y 方向工作台和伺服电机、Z 方向进给滑台和伺服电机、主轴和主轴电机、刀库、换刀机械手、数控系统和伺服装置。控制系统通过现场总线控制伺服和主轴驱动装置,伺服和主轴驱动装置控制 X、Y、Z 方向伺服电机和主轴电机。

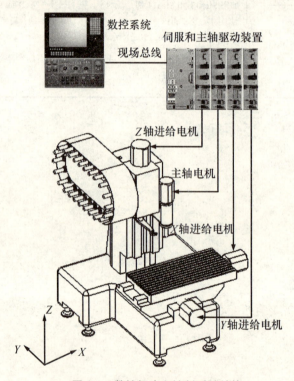

图 3.1 数控机床和控制系统结构

3.2 数控系统软件结构

图 3.2 表示数控系统的基本功能和软件结构。如图 3.2 所示,数控系统软件由 2 大软件处理任务组成,其中一个任务为主控制数据流,由译码器开始,将数控加工程序转换成机床的控制动作。另一任务为系统操作和运行控制,提供人机操作界面、系统数据管理和运行管理功能,使用操作命令接口Ⓞ、系统信息接口Ⓘ、参数接口Ⓟ、显示信息接口Ⓓ。

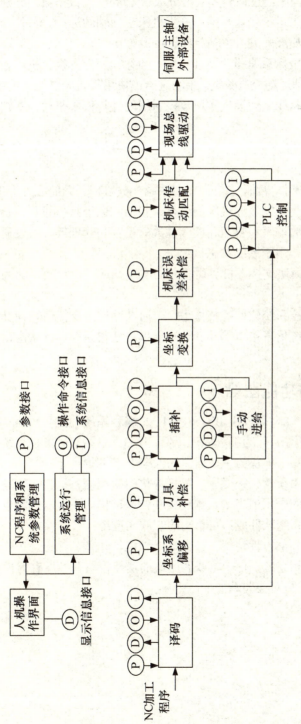

图 3.2 数控系统的基本功能和软件结构

3.2.1 控制数据流

如图 3.2 所示，数控加工程序经过译码模块被分成 2 种类型的数据流，分别对其进行处理。其中一种数据流控制机床运动轨迹，用于产生机床坐标轴的运动。另外一种数据流控制机床辅助功能，例如：冷却液开关、主轴启停、换刀等动作。

运动控制数据流经过工件坐标系偏移、刀具补偿、插补、坐标变换、机床误差补偿、机床传动匹配模块，产生坐标轴运动控制数据。手动进给模块用于机床进给轴的手动操作，产生手动进给控制数据。现场总线驱动模块实现数控系统硬件与伺服驱动、主轴驱动、机床辅助设备的数据通信和控制。

3.2.2 操作和运行控制

操作和运行控制包括人机操作界面、NC 程序和系统参数管理、系统运行管理模块。

操作人员通过人机操作界面控制数控机床的运行，包括：系统状态显示、自动加工运行、机床调整、数控加工程序的编写和管理、机床参数的设置和管理等。通过显示信息接口ⓘ获得其他功能模块的信息，用于系统状态显示。

NC 程序和系统参数管理模块支持人机界面功能的实现，通过参数接口ⓟ为其他功能模块提供系统参数。

系统运行管理模块控制数控系统软件的整体运行，通过操作命令接口ⓞ向其他功能模块发出运行控制命令，通过系统信息接口ⓘ从其他功能模块获得系统运行状态，同步系统的运行。

3.2.3 数控系统软件的功能图描述

根据数控系统软件结构图 3.2，可以用 IEC 61131－3 编程系统功能块图语言编写出数控系统软件的构架，如图 3.3 所示。作为编程原理示例，图 3.3 只编写了数控系统软件的主控制数据流部分，同时也只编写出模块的主数据流输入/输出变量。

功能块图编程语言为数控系统软件提供了一种模块化的编程语言。将控制功能划分和封闭在功能块内，功能模块之间采用清晰的数据连接和传递，构成系统。同时也方便模块的更换、增加和去除。使数控系统软件成为可重构的开放式系统。

使用者在了解和掌握模块外部特性情况下，例如：功能、输入、输出、工作和运行方式，就能将新的功能模块集成到系统软件中，或者用新的功能模块替换原有的模块。

图 3.2 的模块与图 3.3 的变量对应关系如下：
- _dec：译码；
- _coord：坐标系偏移；
- _tcmp：刀具补偿；
- _intpl：插补；
- _hand：手动进给；
- _trans：坐标变换；
- _cmp：机床误差补偿；
- _adpt：机床传动匹配；

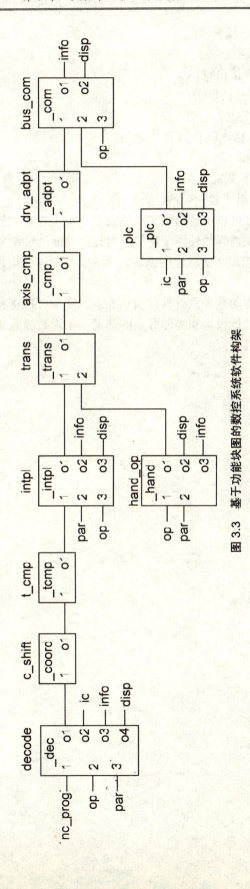

图 3.3 基于功能块图的数控系统软件构架

- _com：现场总线驱动；
- _plc：PLC 控制；
- op：操作命令接口Ⓞ；
- info：系统信息接口Ⓘ；
- par：参数接口Ⓟ；
- disp：显示信息接口Ⓓ；
- io：辅助功能变量；
- i：模块的输入变量；
- o：模块的输出变量。

在功能块的内部可以用结构化文本(ST)语言编写模块的控制功能程序。对于复杂的系统，也可以在功能块内继续使用子功能块对控制功能继续细分，在子功能块内使用结构化文本(ST)语言进行控制功能程序的编写。第 6 章将详细介绍数控系统软件的编程方法和示例。

用功能块图编写的数控系统软件由功能块、变量、连接元素组成。能够直接按系统软件结构图建立软件功能模块和控制数据的传递，实现数控系统控制功能，它是开发数控系统软件的强有力工具。

第4章 IEC 61131-3 标准体系和语言结构

4.1 软件体系结构

IEC 61131-3 标准规定了构成控制系统的软件元素及其相互关系，形成一个完整的体系结构，可以覆盖从小型独立装置到大型自动化和制造过程的综合体系控制任务。

4.1.1 软件模型

图 4.1 是 IEC 61131-3 标准的软件模型。

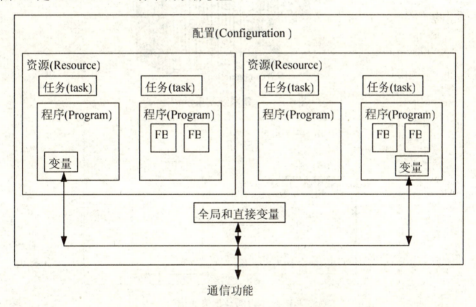

图 4.1 IEC 61131-3 标准的软件模型

IEC 61131-3 标准的软件模型[1]由配置(Configuration)、资源(Resource)、任务(Task)、程序(Program)、功能块(Function Block)、变量和通信功能组成，其作用和功能如下。

(1) 配置：它是一个独立的 PLC 控制单元(如图 4.2 所示)，具有一个或多个 CPU，以及输入输出控制设备接口。由多个配置可以构成更大规模的 PLC 控制系统。

(2) 资源：在一个 PLC 控制单元内一个具有单任务或多任务功能的 CPU。一个配置(PLC 控制单元)可以包含多个资源。

(3) 任务：规定控制程序的运行机制以及实现控制程序的运行调度。例如：设定周期运行、外部事件触发运行、优先级分配等。

(4) 通信机制：IEC 61131-3 标准规定了如下 4 种通信机制。

① 如图 4.3(a)所示，程序内部的功能块之间可以直接用变量通信；

② 如图 4.3(b)所示，配置内部的程序之间可以使用该配置下的全局变量通信；

③ 如图 4.3(c)所示，不同配置之间使用专门的通信功能块实现通信；

④ 如图 4.3(d)所示，不同配置之间使用存取路径实现通信。

(5) 程序和功能块：实现控制功能的编程语言单元。

(6) 变量：在配置内声明的全局变量可以在本配置内使用，在资源内声明的全局变量可以在本资源内使用，在程序中声明的全局变量只供本程序和其中的功能块使用。

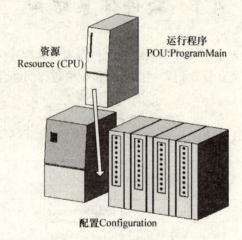

图 4.2　PLC 系统配置示例

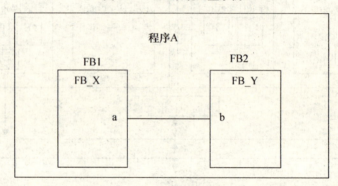

(a) 程序内的数据流通信

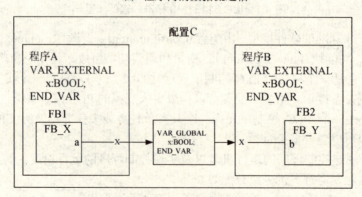

(b) 通过全局变量通信

图 4.3　IEC 61131－3 规定的 4 种通信机制[1]

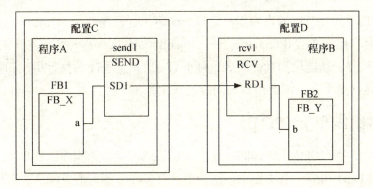

(c) 用功能块通信

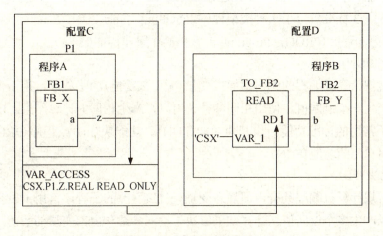

(d) 通过存取路径通信

图 4.3　IEC 61131－3 规定的 4 种通信机制[1]（续）

4.1.2　程序结构

图 4.4 描述了 IEC 61131－3 标准的程序结构模型。

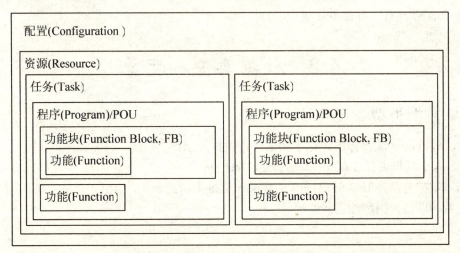

图 4.4　IEC 61131－3 标准的程序结构模型

在一个 PLC 单元(配置)的资源下,运行一个可执行程序(Run Time Programm),它由 IEC 61131-3 程序组织单元(POU,Program Organisation Unit)的主程序类型(Program Main)产生。POU 由程序、功能块和功能组成。任务(Task)决定程序的执行机制和特性。在一个资源下,可以运行多个任务,由周期时间控制或由外部事件触发。

4.1.3 程序组织单元(POU)

IEC 61131-3 标准将独立编译的程序、功能块或功能称为程序组织单元(POU)。程序(PROG)类型的 POU 构成一个主程序,在一个具有多任务能力的资源上,可以同时运行多个主程序。功能和功能块类型的 POU 是封闭的功能模块,可以由其他程序或功能块调用。

IEC 61131-3 标准规定了 3 种类型程序组织单元:功能(FUN,Function)、功能块(FB,Function Block)和程序(PROG,Program)。它们的作用和特征如下:

(1) 功能(FUN)

相当于常规计算机编程的无内部静态变量(无记忆功能)的子程序,用于重复计算。用参数调用,产生一个返回值。使用相同参数调用时,产生相同的计算结果。IEC 61131-3 标准还规定了常用的标准功能,供其他功能(FUN)、功能块(FB)或程序(PROG)使用。用户也可以编写自己的功能(FUN)。

(2) 功能块(FB)

相当于常规计算机编程具有内部静态变量(记忆功能)的子程序,用于重复计算。用参数调用,可以产生多个返回值。计算结果取决于输入参数和内部变量的数值。在返回值数目和内部变量的记忆作用 2 个方面与功能(FUN)有所区别。功能块可以调用功能(FUN)和子功能块(FB),也可以被程序(PROG)或其他功能块调用。

(3) 程序(PROG)

程序由功能(FUN)和功能块(FB)构成,在资源内用程序类型(PROG)和变量声明,包括 IO 地址声明、全局变量声明、通信变量声明。它与资源内的一个"任务"绑定,获得运行机制(周期性运行、外部事件触发等)。

4.2 数据类型和变量

4.2.1 数据类型

IEC 61131-3 编程标准规定了如下 3 种数据类型。

(1) 基本数据类型(EDT,Elementary Data Type)

基本数据类型是 IEC 61131-3 的标准化数据类型,表 4.1 给出了基本数据的符号、类型、位数、取值范围和约定初始值。

第4章 IEC 61131-3 标准体系和语言结构

表 4.1 基本数据类型

符 号	类 型	位 数	取值范围	约定初始值
BOOL	布尔	1	0 或 1	0
BYTE	8 位长度的位串	8	0~16#FF	0
WORD	16 位长度的位串	16	0~16#FFFF	0
DWORD	32 位长度的位串	32	0~16#FFFF_FFFF	0
LWORD	64 位长度的位串	64	0~16#FFFF_FFFF_FFFF_FFFF	0
SINT	短整数	8	−128 ~ +127	0
INT	整数	16	−32768 ~ +32767	0
DINT	双整数	32	$-2^{31} \sim +2^{31}-1$	0
LINT	长整数	64	$-2^{63} \sim +2^{63}-1$	0
USINT	无符号短整数	8	0 ~ +255	0
UINT	无符号整数	16	0 ~ +65535	0
UDINT	无符号双整数	32	$0 \sim +2^{32}-1$	0
ULINT	无符号长整数	64	$0 \sim +2^{64}-1$	0
REAL	实数	32	按 SJ/Z9071 对基本单精度浮点格式的规定	0.0
LREAL	长实数	64	按 SJ/Z9071 对基本双精度浮点格式的规定	0.0
STRING	可变长度单字节字符串	8	—	单字节空字符串
WSTRING	可变长度双字节字符串	16	—	双字节空字符串
TIME	持续时间	—	—	T#0S
DATE	日期	—	—	D#0001-01-01
TOD	时刻	—	—	TOD#00:00:00
DT	日期和时刻	—	—	DT#0001-01-01-00:00:00

(2) 类属数据类型 (GDT, Generic Data Type)

类属数据类型用前缀"ANY"标示,包含了一组标准数据类型。类属类型具有分级结构,表 4.2 给出了部分类属数据类型定义。

表 4.2 类属数据类型

类属类型		标准类型
ANY_NUM	ANY_INT	SINT,INT,DINT,LINT,USINT,UINT,UDINT,ULINT
	ANY_REAL	REAL,LREAL

续表 4.2

类属类型	标准类型
TIME	TIME
ANY_BIT	BOOL, BYTE, WORD, DWORD, LWORD
ANY_STRING	STRING, WSTRING
ANY_DATE	DATE_AND_TIME, DATE, TIME_OF_DAY

(3) 导出数据类型（DDT，Derived Data Type）

导出数据类型是一种由用户在基本数据类型基础上定义的衍生数据类型。表 4.3 是导出数据类型的示例。

表 4.3 导出数据类型

分类	示例	示例说明
数组	ARRAY[1..10] OF WORD	一维数组：由 10 个数据类型为 WORD 的元素组成
	ARRAY[1..20, 1..30] OF REAL	多维数组：由 20×30 个数据类型为 REAL 的元素组成
结构	TYPE PI:REAL:=3.1415927; END_TYPE	直接从基本数据类型导出：PI 表示 REAL 实数型数据，其初始值是 3.1415927
	TYPE state:(wait,work); END_TYPE	枚举数据类型：state 是枚举数据类型，它有 wait 和 work 两种数据类型
	TYPE speed :INT(0..1000); END_TYPE	子范围数据类型：speed 数据类型是整数型数据类型，其允许值范围是 0~1000
	TYPE axis_temp_speed :ARRAY [1..8] OF speed:=8(100); END_TYPE	数组数据类型：axis_temp_speed 数组数据类型是包含 8 个元素的一维数组，其元素的数据类型由 speed 确定，并且 8 个元素的初始值为 100。
	TYPE axis : STRUCT on_off:state; axis_speed:speed; END_STRUCT END_TYPE	结构化数据类型：axis 数据类型是结构化数据，由 on_off 和 axis_speed 组成。其中，on_off 的数据类型是 state，axis_speed 的数据类型是 speed。

4.2.2 变量

变量是数据的符号标识，IEC 61131－3 标准对变量的特征和功能做了分类。特征分类表示变量与数据类型的关联，功能分类表示变量在程序中的作用。

1. 变量的特征表示

IEC 61131-3 标准根据变量与数据类型的关联关系将变量分为 2 类进行表示：单元素变量(Single Element Variable)和多元素变量(Multi-element Variable)，现分别介绍如下。

(1) 单元素变量(Single Element Variable)

它是标示单个数据的符号，IEC 61131-3 标准又将其细分为 2 种表示：

1) 直接变量(Direct Variable)

表示直接对 PLC 配置硬件地址的操作，包括：输入接口、输出接口、存储器。表 4.4 是直接变量及其功能示例。

表 4.4 直接变量示例

符 号	功 能
%QX1.0	位输出地址 1.0(输出单元 1 的第 0 位)
%QB2	字节(8 位)输出地址 2(输出单元 2 的 8 位)
%IX3.1	位输入地址 3.1(输入单元 3 的第 1 位)
%IW4	字输入(16 位)地址 4(输入单元 8 和 9)
%MD1000	存储器双字(32 位)地址 1000
%ML2000	存储器长字(64 位)地址 2000

直接变量由如下 3 个部分构成。

第 1 部分表示地址类型：

- %Q：输出接口。
- %I：输入接口。
- %M：存储器单元。

第 2 部分表示数据类型：

- X：位(Bit)。
- B：字节(8 位)。
- W：字(16 位)。
- D：双字(32 位)。
- L：长字(64 位)。

第 3 部分的数字表示变量的操作地址。第 2 章的指示灯开关控制示例就包含了一个直接变量的使用，如：

```
SB0 AT %IX0.0 : BOOL;
```

2) 符号变量(Symbolic Variable)

用规定符号表示的变量，使用方法和规则与常规计算机编程的符号变量相同。例如在第 2 章指示灯开关控制的示例程序中：

```
km : BOOL;
```

(2) 多元素变量(Multi-element Variable)

标识数组 ARRAY 和结构 STRUCT 的变量，例如：

```
pos:ARRAY [1..3] OF REAL;
```

用以声明 pos 是一个具有 3 个元素的实型数组。

例如：

```
TYPE
   PANEL:
   STRUCT
      SB0:BOOL;
      SB1:BOOL;
   END_STRUCT
END_TYPE
```

它是一个结构声明示例，表示一个控制面板(PANEL)有 2 个控制按钮，SB0 和 SB1，数据类型为 BOOL。

2．变量的声明

变量的声明用来表示变量在程序中作用的分类。程序、功能块和功能中包含一个变量声明部分，用以定义所使用的变量类型。第 2 章中的指示灯开关控制示例包含了一个程序声明部分，它使用了直接变量和符号变量：

```
VAR
   SB0 AT %IX0.0:BOOL;
   SB1 AT %IX0.1:BOOL:=TRUE;
   km:BOOL;
   HL AT %QX0.0:BOOL;
END_VAR
```

表 4.5 是 IEC 61131－3 标准中变量声明的类型。

表 4.5　IEC 61131－3 标准中变量声明的类型[3]

类型	功能	读写权限	
		外部	内部
VAR	内部变量： PROG\FB\FUN 内部使用，外部不能访问。	×	读写
VAR_INPUT	输入变量： 外部输入，在 PROG\FB\ FUN 内部不可修改。	写	读
VAR_OUTPUT	输出变量： PROG\FB\FUN 的输出。	读	读写
VAR_IN_OUT	输入/输出变量： 由外部提供，允许在 PROG\FB\FUN 内部修改并输出。	读写	读写

续表 4.5

类型	功能	读写权限	
		外部	内部
VAR_EXTERNAL	外部变量： 外部的全局变量，该类型的变量必须由另一个 PROG\FB\FUN 声明为全局变量。	读写	读写
VAR_GLOBAL	全局变量： 在 PROG\FB\FUN 内声明，并能被其他的 PROG\FB\FUN 读写。	读写	读写
VAR_ACCESS	存取路径变量： 存取路径说明。	读写	读写
VAR_TEMP	临时变量： 在 PROG 或 FB 运行中使用的变量，退出后将所占用内存释放。	读写	读写
VAR_CONFIG	结构变量： 专用的初始化和地址赋值变量。	×	读

注：×为不允许。

在声明变量时，还可以给予它附加属性声明，例如：

```
VAR RETAIN
   x_counter:LWORD;
END_VAR
```

本段程序表示变量 x_counter（计数器值）的数据类型声明为 LWORD，附加声明为具有掉电保持属性 RETAIN。IEC 61131－3 标准规定的变量附加属性如表 4.6 所列。

表 4.6 变量的附加属性

属 性	功 能
CONSTANT	常数（不能被修改的变量）
AT	变量存取地址
RETAIN	记忆变量，变量值在掉电后能够保持
NON_RETAIN	非记忆变量，变量值在掉电后消失
R_EDGE	上升沿
F_EDGE	下降沿
READ_ONLY	写保护（只读）
READ_WRITE	可读/写

第5章 基于功能块图和结构化文本语言的数控系统软件设计

IEC 61131—3 编程标准规定了 5 种编程语言,其中功能块图(FDB)和结构化文本(ST)语言适用于数控系统软件编程,它也是本书的核心内容。本章详细介绍这 2 种语言以及 IEC 61131—3 标准下的程序结构。

5.1 功能块图(FBD)语言

功能块图由功能块和连接元素组成。功能块具有自己的输入/输出接口、内部变量和算法,工作在自己的数据区。功能和数据都被封装。功能块图语言提供了强大的模块化设计平台,可以将复杂庞大的控制系统软件分解成控制单元模块,每个控制单元模块完成独立的控制功能。各个单元模块之间具有图形化的数据连接关系,使系统具有清晰的结构和功能描述。经过测试的功能块可以重复使用,具有可视特性。IEC 61131—3 标准允许功能块嵌套功能块和其他编程语言,支持用已有的功能块构建新的功能块。

功能块可以作为主程序的组成部分与主程序共同编译,也可以作为独立的 POU 编译,成为其他程序或功能块的功能库。

本节通过 3 个示例介绍功能图块语言的编程方法,包括变量的声明、功能块的声明、功能块的连接等。这 3 个示例完成相同的控制计算任务,如图 5.1 所示。控制计算由 2 个控制模块 FB1 和 FB2 完成,输入为 in11 和 in12,输出为 out2。

模块 FB1 执行计算:

    out1=in11+in12

模块 FB2 执行计算:

    out2=sin(in2)

并输出。

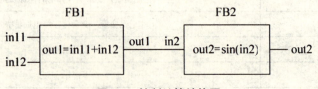

图 5.1 控制计算结构图

5.1.1 功能块的定义和变量声明

(1) 功能块 FB1 的定义

功能块 FB1 命名为_fb1，如图 5.2 所示。其程序如下：

```
FUNCTION_BLOCK _fb1
VAR_INPUT
    in_11:REAL;
    in_12:REAL;
END_VAR
VAR_OUTPUT
    out_1:REAL;
END_VAR
VAR
    var_1:REAL;
END_VAR
var_1:=in_11+in_12;
out_1:=var_1;
```

FB1 在程序中的功能块名称为_fb1，其程序由程序类型名称、变量声明、功能块程序本体 3 个部分组成，程序各部分语句的功能如下：

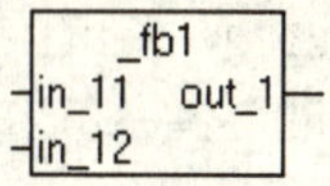

图 5.2 FB1 的功能块图

① 程序名称和类型

| FUNCTION_BLOCK _fb1 | FB1 的程序类型为功能块，名称为_fb1； |

② 输入变量

VAR_INPUT	功能块的输入变量定义开始；
in_11:REAL;	REAL 类型输入变量；
in_12:REAL;	REAL 类型输入变量；
END_VAR	功能块的输入变量定义结束；

③ 输出变量

VAR_OUTPUT	功能块的输出变量定义开始；
out_1:REAL;	REAL 类型输出变量；
END_VAR	功能块的输出变量定义结束；

④ 内部变量

为了使本示例变量声明内容更完整，设置了一个中间变量 var_1(功能块内部变量)：

VAR	功能块的内部变量定义开始；
var_1:REAL;	REAL 类型内部变量；
END_VAR	功能块的内部变量定义结束；

⑤ 程序本体
程序本体部分用结构化文本(ST)语言编写,完成计算和输出:

```
var_1:=in_11+in_12;
out_1:=var_1;
```

(2) 功能块 FB2 的定义
功能块 FB2 命名为_fb2,如图 5.3 所示。其程序如下:

```
FUNCTION_BLOCK _fb2
VAR_INPUT
    in_2:REAL;
END_VAR
VAR_OUTPUT
    out_2:REAL;
END_VAR
VAR
    var_2:REAL;
END_VAR
var_2:=SIN(in_2);
out_2:=var_2;
```

FB2 在程序中的功能块名称为_fb2,其程序由程序类型名称、变量声明、功能块程序本体 3 个部分组成,程序各部分语句的功能如下:

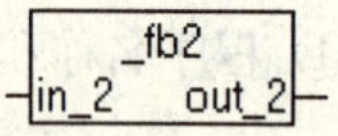

图 5.3 FB2 的功能块图

① 程序名称和类型

| FUNCTION_BLOCK _fb2 | FB2 的程序类型为功能块,名称为_fb2; |

② 输入变量

VAR_INPUT	功能块的输入变量定义开始;
in_2:REAL;	REAL 类型输入变量;
END_VAR	功能块的输入变量定义结束;

③ 输出变量

VAR_OUTPUT	功能块的输出变量定义开始;
out_2:REAL;	REAL 类型输出变量;
END_VAR	功能块的输出变量定义结束;

④ 内部变量
为了使本示例变量声明内容更完整,设置了一个中间变量 var_2(功能块内部变量):

| VAR | 功能块的内部变量定义开始; |

```
    var_2:REAL;                  REAL 类型内部变量；
END_VAR                          功能块的内部变量定义结束。
```

⑤ 程序本体

程序本体部分用结构化文本(ST)语言编写，完成计算和输出：

```
var_2:=SIN(in_2);
out_2:=var_2;
```

SIN()是 IEC 61131-3 编程语言具有的标准算术功能。

5.1.2 程序示例 1

本程序示例(SAMPLE1)使用 5.1.1 定义的功能块类型_fb1 和_fb2，完成图 5.1 要求的控制功能。功能块图程序如图 5.4 所示。g11 和 g12 是 FB1 的输入变量，使用全局变量定义。FB1 的输出端口连接 FB2 的输入端口，FB2 的输出连接全局变量 g2。本程序示例(SAMPLE1)是一个实际控制程序的组成部分，g11、g12、g2 用于与程序的其他功能块通信。

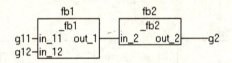

图 5.4 SAMPLE1 的功能块图

本例程序如下：

```
PROGRAM SAMPLE1
VAR
   fb1: _fb1;
   fb2: _fb2;
END_VAR


VAR_GLOBAL
   g11:REAL;
   g12:REAL;
   g2:REAL;
END_VAR
```

本示例程序 SAMPLE1 的程序类型为 PROG，由如下 4 部分组成：

① 程序名称和类型

```
PROGRAM SAMPLE1            程序类型 PROG，名称为 SAMPLE1；
```

② 使用功能块

```
VAR                        内部数据定义开始；
   fb1:_fb1;               在主程序中使用功能块_fb1；
```

```
    fb2:_fb2;            在主程序中使用功能块_fb2;
END_VAR                  内部数据定义结束;
```

③ 全局变量

```
VAR_GLOBAL               全局变量定义开始;
    g11:REAL;            全局变量输入;
    g12:REAL;            全局变量输入;
    g2:REAL;             全局变量输出;
END_VAR                  全局变量定义结束;
```

④ 功能块图

图 5.4 是 SAMPLE1 的程序主体，由功能块 FB1 和 FB2 串联组成。

5.1.3 程序示例 2

本程序示例（SAMPLE2）的目的是提供一个在功能块中嵌入子功能块的编程示例，程序结构如图 5.5 所示。

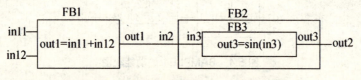

图 5.5 控制计算结构图——SAMPLE2

在本示例中，由功能块 FB3 完成 SIN() 计算，FB3 是 FB2 的子功能块。示例程序 SAMPLE2 由程序示例 SAMPLE1 修改后获得，其程序分为如下 3 大部分。

(1) 建立新的功能块 FB3

功能块 FB3 的定义如图 5.6 所示。

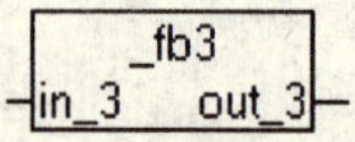

图 5.6 功能块 FB3

功能块 FB3 的程序为：

```
FUNCTION_BLOCK _fb3
VAR_INPUT
   in_3:REAL;
END_VAR
VAR_OUTPUT
   out_3:REAL;
END_VAR
VAR
   var_3:REAL;
END_VAR
var_3:=SIN(in_3);
out_3:=var_3;
```

FB3 程序语句的功能如下：

① 程序名称和类型

```
FUNCTION_BLOCK _fb3        FB3 的程序类型为功能块,名称为_fb3;
```

② 输入变量

```
VAR_INPUT                  功能块的输入变量定义开始;
    in_3:REAL;             REAL 类型输入变量;
END_VAR                    功能块的输入变量定义结束;
```

③ 输出变量

```
VAR_OUTPUT                 功能块的输出变量定义开始;
    out_3:REAL;            REAL 类型输出变量;
END_VAR                    功能块的输出变量定义结束;
```

④ 内部变量

为了使本示例中的变量声明内容更完整,设置了一个中间变量 var_3(功能块内部变量):

```
VAR                        功能块的内部变量定义开始;
    var_3:REAL;            REAL 类型内部变量;
END_VAR                    功能块的内部变量定义结束;
```

⑤ 程序本体

程序本体部分用结构化文本(ST)语言编写,完成计算和输出:

```
var_3:=SIN(in_3);
out_3:=var_3;
```

(2) 修改 SAMPLE1 的 FB2 模块

将 FB3 嵌入到 FB2 中,需要对 SAMPLE1 中的 FB2 模块进行修改,修改后的 FB2 程序如下:

```
FUNCTION_BLOCK _fb2
VAR_INPUT
    in_2:REAL;
END_VAR
VAR_OUTPUT
    out_2:REAL;
END_VAR
VAR
    fb3:_fb3;
END_VAR
```

将 FB3 嵌入到 FB2 后的程序语句的功能如下:

① 程序名称和类型

| FUNCTION_BLOCK _fb2 | FB2 的程序类型为功能块，名称为_fb2; |

② 输入变量

VAR_INPUT	功能块的输入变量定义开始;
in_2:REAL;	REAL 类型输入变量;
END_VAR	功能块的输入变量定义结束;

③ 输出变量

VAR_OUTPUT	功能块的输出变量定义开始;
out_2:REAL;	REAL 类型输出变量;
END_VAR	功能块的输出变量定义结束;

④ 内部变量

VAR	功能块的内部变量定义开始;
fb3:_fb3;	内部嵌入数据类型为_fb3 的功能块;
END_VAR	功能块的内部变量定义结束;

⑤ 程序本体

如图 5.7 所示，FB2 的输入端口连接 FB3 的输入端口，FB3 的输出端口连接 FB2 的输出端口。

(3) 主程序 POU

SAMPLE2 使用与 SAMPLE1 相同的主程序 POU。

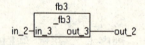

图 5.7 功能块 FB3 的调用

5.1.4 程序示例 3

本程序示例(SAMPLE3)的目的是提供一个将子功能块 FB3 作为一个独立的程序组织单元(POU)编程示例，它由主程序的功能块 FB2 调用，其程序结构如图 5.8 所示。

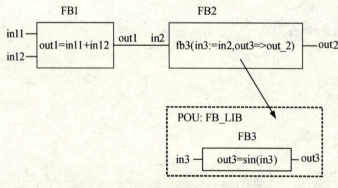

图 5.8 控制计算结构图——SAMPLE3

在本示例中，由功能块 FB3 完成 SIN()计算，FB3 是独立的程序组织单元 FB_LIB 中的子功能块。独立于主程序 POU SAMPLE3 编译，作为功能库在主程序中使用。示例程序 SAMPLE3 由程序示例 SAMPLE2 修改后获得，其程序由如下 3 部分组成。

(1) 建立功能库 FB_LIB

功能库程序组织单元 FB_LIB 包含一个功能块 FB3，它的数据定义和功能与 SAMPLE2 中的 _fb3 完全相同。将功能库程序组织单元独立进行编译。

(2) 修改 SAMPLE1 的 FB2 模块

修改后的 FB2 模块程序如下：

```
FUNCTION_BLOCK _fb2
VAR_INPUT
    in_2:REAL;
END_VAR
VAR_OUTPUT
    out_2:REAL;
END_VAR
VAR
    var_2:REAL;
    fb3:_fb3;
END_VAR
fb3(in_3:= in_2, out_3=> var_2);
out_2:=var_2;
```

修改后的 FB2 程序语句的功能如下：

① 内部变量

VAR	功能块的内部变量定义开始；
var_2:REAL;	内部变量；
fb3:_fb3;	声明使用功能块 _fb3；
END_VAR	功能块的内部变量定义结束；

② 程序本体

```
fb3(in_3:= in_2, out_3=> var_2);
```

调用功能块 FB3，将 FB2 的输入 in_2 作为 FB3 的输入 in_3，将 FB3 的输出 out_3 赋值给 FB2 的中间变量 var_2，"=>"是功能块调用时的参数返回值操作符。

```
out_2:=var_2;
```

将 var_2 赋值给 FB2 的输出 out_2。

(3) 主程序 POU

SAMPLE3 使用与 SAMPLE1 相同的主程序 POU。

5.2 结构化文本(ST)语言

结构化文本(ST)语言的结构和语法十分类似于常规计算机编程的 PASCAL 语言和 C 语言,适用于处理复杂的数据结构、算术运算、逻辑运算、程序分支、程序循环、子程序调用等。结构化文本语言编写的程序由 2 部分组成:变量声明和程序本体。在"2.2 结构化文本"和 5.1 节的程序示例中,已经初步介绍了结构化文本语言的结构和程序语句。本节详细介绍结构化文本语言的语言元素、复杂数据结构的定义和处理、标准功能调用、子程序调用。

5.2.1 程序语句

结构化文本语言的程序语句由关键字、操作符、操作数、注释和分隔符组成,例如:

```
FOR i:=1 TO 10 BY 1 DO
  x[i]:=i*2;        (* duplication *)
END_FOR
```

其中:"x[i]"、"i"、"2"为操作数,":="、"*"为操作符,";"为分隔符,"(*"和"*)"为注释符,"FOR"、"TO"、"BY"、"DO"、"END_FOR"为关键字。

(1) 操作符

表 5.1 是结构化文本语言编程的操作符,其执行优先级与常规计算机的编程相同。

表 5.1 操作符[2]

操作符	语 义	示 例
:=	赋值	out_1:=var_1;
( )	结合运算	A:=(B*4)+(C*5);
( )	功能/功能块调用	A:=LEN ('SUSI');
=>	功能块调用输出	trig(CLK:= start, Q=> flag);
**	幂计算	A:=B**4;
-	取负	A:=-A;
-	减	A:= B-3;
NOT	取反	B:=NOT B;
*	乘	A:= B*4;
/	除	A:= B/3;
MOD	取模	A:= B MOD 16;

续表 5.1

操作符	语 义	示 例
+	加	A:= B+4;
<, >, <=, >=	比较	IF A>4 THEN
=	等于	IF A=10 THEN
<>	不等于	IF A <>7 THEN
&，AND	布尔与	A:=2#1010 AND 2#0101;
XOR	布尔异或	A:=2#0011 XOR 2#0101;
OR	布尔或	A:=2#1010 OR 2#0101;

(2) 关键字

表 5.2 是结构化文本语言编程的关键字，其作用与常规计算机编程相同。

表 5.2 关键字

关键字	语 义	示 例
RETURN	从子程序返回	RETURN;

IF	条件判断语句	IF a<0 THEN
		b:=1;
		END_IF

ELSIF
ELSE
	阶梯型条件判断语句	IF a<0 THEN
		b:=1;
		ELSIF a=0 THEN
		b:=2;
		ELSE
		b:=3;
		END_IF

CASE	多分支条件语句	CASE i OF 1: b:=11; 2: b:=12; 3: b:=13; END_CASE

FOR	循环语句	FOR i:= 1 TO 10 BY 2 DO
		a:=i*5;
		END_FOR

续表 5.2

关键字	语 义	示 例

WHILE	条件循环语句	i:=1;
		WHILE i < 3 DO
		a:=i*5;
		i:=i+1;
		END_WHILE

REPEAT UNTIL	条件循环语句	i:=1;
		REPEAT
		a:=i*5;
		i:=i+1;
		UNTIL i>4
		END_REPEAT;

EXIT	从循环语句块中强制退出	EXIT;
;	空语句	;

5.2.2 标准功能

IEC 61131-3 标准规定了一套通用处理功能，包括变量类型转换、数学计算、位串处理、逻辑运算、选择比较、字符串处理。表 5.3～表 5.7 列出了结构化文本语言所涉及的标准功能和示例。

表 5.3 变量类型转换

关键字	功能	输入变量类型 *	输出变量类型 **	示例
*_TO_**	数据类型转换	BOOL、BYTE、WORD、DWORD、SINT、INT、DINT、USINT、UINT、UDINT、REAL、STRING		A:=INT_TO_REAL(B);
TRUNC()	截断 REAL 或 LREAL 类型变量值的小数部分	ANY_REAL	ANY_INT	A:=TRUNC(B);
*_BCD_TO_**	BCD 码转换成 ANY_INT	BYTE、WORD、DWORD、LWORD	USINT、UINT、UDINT、ULINT	A:=WORD_BCD_TO_UINT(B);
*_TO_BCD_**	ANY_INT 转换 BCD 码	USINT、UINT、UDINT、ULINT	BYTE、WORD、DWORD、LWORD	B:=UINT_TO_BCD_WORD(A);

第5章 基于功能块图和结构化文本语言的数控系统软件设计

表 5.4 数学计算

关键字	语 义	示 例
ABS	绝对值	A:=ABS(B);
SQRT	平方根	A:=SQRT(B);
LN	自然对数	A:=LN(B);
LOG	以 10 为底的对数	A:=LOG(B);
EXP	自然指数	A:=EXP(B);
SIN	正弦函数	A:=SIN(B);
COS	余弦函数	A:=COS(B);
TAN	正切函数	A:=TAN(B);
ASIN	反正弦函数	A:=ASIN(B);
ACOS	反余弦函数	A:=ACOS(B);
ATAN	反正切函数	A:=ATAN(B);

表 5.5 位串处理

关键字	语 义	示 例
SHL	左移	A:=SHL(B,2);
SHR	右移	A:=SHR(B,2);
ROL	循环左移	A:=ROL(B,2);
ROR	循环右移	A:=ROR(B,2);

表 5.6 比较和选择

关键字	语 义	示 例
SEL	二路选择：若 G=0，则 OUT=IN0 若 G=1，则 OUT=IN1	OUT := SEL(G, IN0, IN1);
MUX	多路选择：依据输入 K 值，选择 IN0~INn 之一作为输出	OUT := MUX(K, IN0,…,INn);
MAX	最大值：返回两个输入中的较大值	OUT := MAX(IN0, IN1);
MIN	最小值：返回两个输入中的较小值	OUT := MIN(IN0, IN1);
LIMIT	限值器：将输出值限制在最大值 MX 和最小值 MN 之间	OUT := LIMIT(MN, IN, MX);

表 5.7 字符串处理

关键字	语 义	示 例
LEN	获取字符串 STR 的长度	OUT:= LEN (STR);

续表 5.7

关键字	语义	示例
LEFT	获取字符串 STR 的最左边 SIZE 个字符	OUT:= LEFT（STR,SIZE）;
RIGHT	获取字符串 STR 的最右边 SIZE 个字符	OUT := RIGHT（STR,SIZE）;
MID	获取字符串 STR 第 POS 个字符开始的 LEN 个字符	OUT:=MID（STR,LEN,POS）;
CONCAT	将字符串 STR2 添加到字符串 STR1 末尾	OUT := CONCAT（STR1,STR2）;
INSERT	把字符串 STR2 插入到字符串 STR1 中第 POS 个字符后	OUT := INSERT（STR1,STR2,POS）;
DELETE	从字符串 STR 的第 POS 个字符开始,删除 LEN 个字符	OUT := DELETE（STR,LEN,POS）;
REPLACE	从字符串 STR1 的第 POS 个字符开始,用字符串 STR2 代替 STR1 的 LEN 个字符	OUT:=REPLACE（STR1,STR2,LEN,POS）;
FIND	从字符串 STR1 中查找第一次出现字符串 STR2 的开始位置	OUT := FIND（STR1,STR2）;

5.2.3 典型语句示例

结构化文本语言的大部分关键字、运算符、变量声明等都与常规计算机的编程语言相同或类似。具有常规计算机编程语言基础的工程技术人员可以很快掌握结构化文本语言的编程方法。

本节结合数控系统软件设计的要求,介绍一些反映结构化文本语言特点的典型语句示例,包括：数组变量声明、结构类型和多元素变量赋值、功能块调用和返回值。

1. 示例 1：数组变量声明

IEC 61131－3 标准提供以下 3 种数组维数的定义方式：

```
pos: ARRAY[0..8] OF REAL;
pos: ARRAY[1..8] OF REAL;
pos: ARRAY[M..N] OF REAL;
```

在最后一种中,M 和 N 为常数变量,并且 N>M。

2. 示例 2：结构类型和多元素变量赋值

当 2 个结构变量使用同一个结构类型定义时,可以直接使用变量名称给所有结构成员赋值；当 2 个多元素变量具有同样数据类型和元素数目时,也可以直接使用变量名称给所有变量成员赋值。

(1) 变量类型定义

定义一个名称为_axis 的结构类型,它的结构成员为 pos 和 state,pos 有 8 个 REAL 数据类型的数组元素,state 为 WORD 类型变量。其变量类型定义如下：

```
TYPE _axis:
  STRUCT
    pos: ARRAY[1..8] OF REAL;
    state:WORD;
```

```
    END_STRUCT
END_TYPE
```

(2) 程 序

以下是一个使用结构定义_axis 的程序示例。

其变量声明部分为：

```
VAR
   drive_cmd:_axis;
   drive_state:_axis;
   position:ARRAY[1..8] OF REAL;
END_VAR
```

相应程序片段为：

```
…
drive_state:=drive_cmd;
position:=drive_state.pos;
…
```

示例 1 和示例 2 能够完成结构类型变量和数组变量中所有元素的赋值。数控系统软件编程大量使用相同类型结构和数组变量，上述功能可以简化数控系统编程并提高程序可读性。

3. 示例 3：功能块调用和返回值

本示例介绍功能块调用和获得返回值的方法。本示例继续使用示例 2 的结构变量定义_axis。首先建立一个功能块_fb_drive，该功能块的命名以及输入/输出接口定义为：

```
FUNCTION_BLOCK _fb_drive
VAR_INPUT
   in:_axis;
END_VAR
VAR_OUTPUT
   out:_axis;
END_VAR
```

功能块的输入/输出变量均为结构变量类型_axis。本示例的目的是介绍功能块的调用过程，略去功能块的实际计算程序。

功能块调用的程序示例包括如下 2 部分：

(1) 变量声明

```
VAR
   drive_cmd:_axis;
   drive_state:_axis;
```

```
    fb_drive:_fb_drive;
END_VAR
```

fb_drive:_fb_drive:表示在主程序中声明了功能块_fb_drive。

(2) 功能块调用和获得返回值

有2种方法调用功能块和获得返回值：

① 功能块调用并直接返回赋值

```
fb_drive(in:=drive_cmd);
drive_state:=fb_drive.out;
```

返回值保存在结构变量 drive_state 中。

② 功能块调用并使用返回参数进行赋值

```
fb_drive(in:=drive_cmd,out=>drive_state);
```

"=>"是功能块调用时的输出操作符，返回值保存在结构变量 drive_state 中。

4．示例4：功能块多返回值调用

本示例介绍功能块调用和获得2个返回值的方法。本示例继续使用示例2的结构变量定义_axis。首先建立一个功能块_fb_drive，该功能块类型定义为：

```
FUNCTION_BLOCK _fb_drive
VAR_INPUT
   in:_axis;
END_VAR
VAR_OUTPUT
   out1:_axis;
   out2:_axis;
END_VAR
```

功能块的输入、输出变量均为结构变量类型_axis。本示例的目的是介绍功能块调用和获得返回值的编程方法，略去功能块的实际计算程序。

功能块调用的程序示例包括如下2部分：

(1) 变量声明

```
VAR
   drive_cmd:_axis;
   drive_state1:_axis;
   drive_state2:_axis;
   fb_drive:_fb_drive;
END_VAR
```

fb_drive:_fb_drive 表示在主程序中声明了功能块_fb_drive。

(2) 功能块调用和获得返回值

```
fb_drive(in:=drive_cmd,out1=>drive_state1, out2=>drive_state2);
```
"=>"是功能块调用时的返回参数操作符,返回值保存在结构变量 drive_state1 和 drive_state2 中。

5.3 数控系统软件模块和连接

功能块图编程语言为数控系统软件提供了一种模块化和图形化的编程方式。利用功能块图可以非常清晰地将数控系统软件分解为图形化的控制功能单元和连接元素,它们与功能块图形成完全一致的对应关系。在功能块内部使用结构化文本语言编写实际的控制计算程序。

5.3.1 功能块

图 5.9 是插补器和坐标变换模块示例。在 IEC 61131－3 标准中,数控系统插补器软件模块的功能由功能块_interpolator 完成,坐标变换功能由功能块_coord_trans 完成。功能块之间采用结构变量 cable_intpl 连接,作者将其定义为数据电缆。根据此方法,可以将数控系统软件分解成为相应的功能块,并构成系统功能块图。

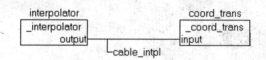

图 5.9 插补器和坐标变换模块示例

5.3.2 数据电缆

作者利用 IEC 61131－3 标准的数据结构和变量类型特点,针对数控系统软件设计,提出了用于数控系统软件编程的"数据电缆"变量类型,作为功能块之间连接元素的数据结构,使用 struct 类型变量定义,用 cable_前缀表示。例如连接插补器模块 interpolator 和坐标变换模块 coord_trans 模块之间的数据电缆为 cable_intpl,以下是它数据结构声明的程序示例片段:

```
TYPE _cable_intpl:
   STRUCT
      …
      pos:ARRAY[1..8] OF LREAL;
      …
   END_STRUCT
END_TYPE
```

pos:ARRAY[1..8] OF LREAL:表示数据电缆内包含 8 个 LREAL(双精度浮点)类型的坐标轴位置变量。

插补器模块 interpolator 的输出变量用数据电缆 cable_intpl 定义:

```
FUNCTION_BLOCK _interpolator
  …
VAR_OUTPUT
  …
  output:_cable_intpl;
  …
END_VAR
…
```

坐标变换模块的 coord_trans 的输入变量用数据电缆 cable_intpl 定义：

```
FUNCTION_BLOCK _coord_trans
…
VAR_INPUT
  …
  input:_cable_intpl;
  …
END_VAR
…
```

5.3.3 组件和组件数据

为了合理划分数控系统软件结构，可以将完成同一类任务的功能块组合到一个大功能块中，本书将其称为组件。它是数控系统软件的功能单元，用 FB 构建，包含子 FB。图 5.10 是插补器组件 module_interpolator 的示例。它由功能块程序实现，包含直线插补器(line_interpolator)和圆弧插补器(circle_interpolator)。它们也由功能块编写，是嵌入到组件功能块中的子功能块。

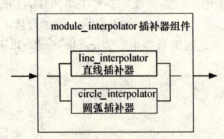

图 5.10 插补器组件

组件内部使用的数据变量称为组件变量，用全局变量类型 global 的数据定义，用 md_var_前缀表示。例如：插补器组件使用的组件数据变量为 md_var_intpl，它的变量类型声明的程序示例片段为：

```
TYPE _md_var_intpl:
  STRUCT
```

```
    …
    END_STRUCT
END_TYPE
VAR_GLOBAL
    …
    md_var_intpl:_md_var_intpl;
    …
END_VAR
```

5.3.4 数据标记

将结构变量 struct 引入或引出 FB 功能块时，如果变量成员数目较多，而功能块只使用了其中少量成员，会占用较多内存和运算时间，造成计算机资源和计算时间的浪费。图 5.11 是插补器模块 interpolator 使用系统配置参数 par_config（参见 7.3.1 节）的示例。

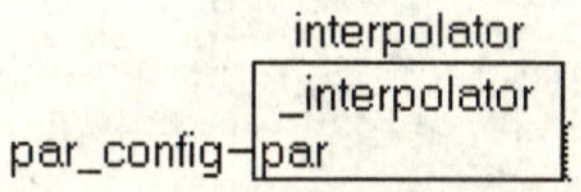

```
            interpolator
          ┌──────────────┐
          │_interpolator │
par_config┤par           │
          └──────────────┘
```

图 5.11 插补器模块 interpolator 使用系统配置参数 par_config 的示例

插补器输入接口 par 读入系统配置参数 par_config：

```
FUNCTION_BLOCK _interpolator
VAR_INPUT
    par:_par_config;
END_VAR
```

```
TYPE _par_config:
    STRUCT
        …
        axis_numbers:WORD;
        path_acceleration:REAL;
        pitch_err_comp_value:ARRAY[1..MAX_AXIS,1..MAX_PITCH_COMP_POINT]
            OF REAL;
        pitch_err_comp_interval:ARRAY[1..MAX_AXIS] OF REAL;
        k_num:ARRAY[1..MAX_AXIS] OF REAL;
        k_den:ARRAY[1..MAX_AXIS] OF REAL;
        k_rd:ARRAY[1..MAX_AXIS] OF REAL;
        …
    END_STRUCT
END_TYPE
```

系统配置参数 par_config 为系统中的多个功能模块提供参数，本程序示例中包括机床误差补偿模块的补偿数据 pitch_err_comp_value、机床传动比匹配模块的传动比参数 k_num、k_den 等。插补器模块 interpolator 只使用系统配置参数中插补相关的部分参数,例如插补轴数目 axis_numbers、轨迹加速度 path_acceleration。如果采用图 5.11 的输入方法,将系统匹配参数 par_config 全部复制到插补器模块 interpolator 的输入变量 par 中,会占用较多的内存和输入变量刷新时间。因此本书作者定义一种用字符串变量 mark 标记输入或输出数据变量的标记方法,它表示模块输入或输出使用了数据包中的成员,如图 5.12 所示。

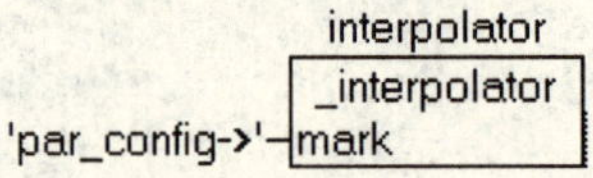

```
                    interpolator
                    _interpolator
  'par_config→'─ mark
```

图 5.12　用字符串变量 mark 标记输入数据模块

在 interpolator 模块输入变量中使用字符串变量 mark 作为数据标记:

```
FUNCTION_BLOCK _interpolator
VAR_INPUT
   mark:STRING;
END_VAR
```

在 mark 连接下的输入变量写入字符串 'par_config→',表示本模块输入使用 par_config 中的部分成员变量。在模块内部编程,使用结构化文本语言,读取 par_config 中的成员变量值,例如:

```
n:=par_config.axis_numbers;
```

数据标记 mark 也可以标记输入/输出数据(如图 5.13 所示)。

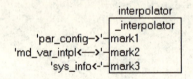

图 5.13　使用 mark2 标记输入/输出数据

mark2 标记表示对插补器组件模块数据结构变量 md_var_intpl 的读写操作。mark3 表示对 sys_info 变量的写操作。

第6章 数控系统软件设计

6.1 系统总体结构

根据"3.1 数控机床和控制系统"的系统软件结构图 3.2，对应 IEC 61131-3 任务划分方法，可将数控系统软件分为 3 个任务模块，如图 6.1 所示。

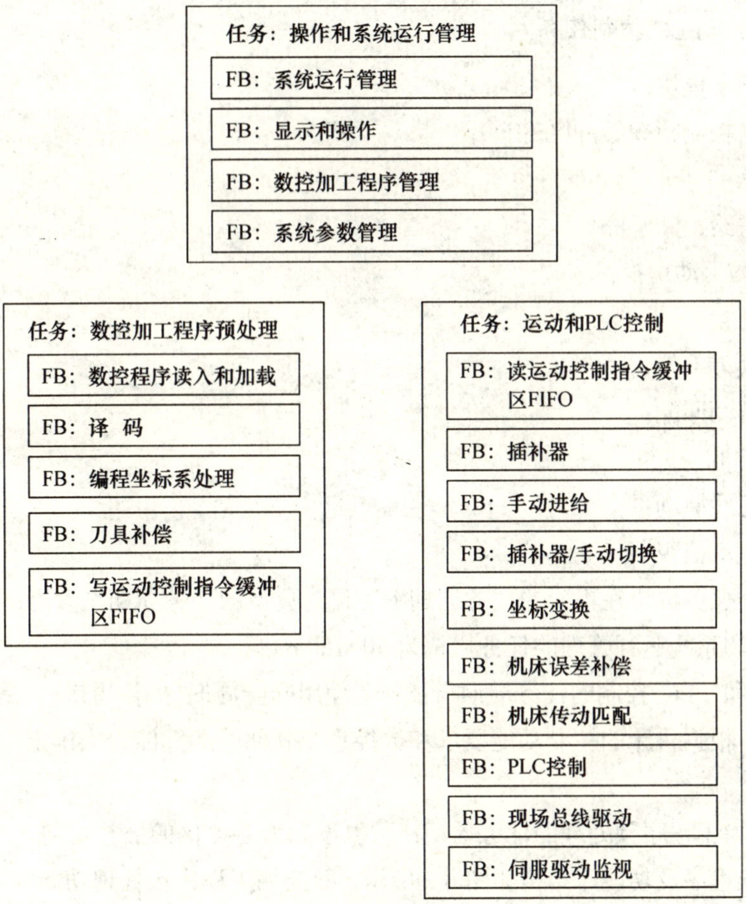

```
任务：操作和系统运行管理
  FB：系统运行管理
  FB：显示和操作
  FB：数控加工程序管理
  FB：系统参数管理

任务：数控加工程序预处理
  FB：数控程序读入和加载
  FB：译码
  FB：编程坐标系处理
  FB：刀具补偿
  FB：写运动控制指令缓冲区 FIFO

任务：运动和 PLC 控制
  FB：读运动控制指令缓冲区 FIFO
  FB：插补器
  FB：手动进给
  FB：插补器/手动切换
  FB：坐标变换
  FB：机床误差补偿
  FB：机床传动匹配
  FB：PLC 控制
  FB：现场总线驱动
  FB：伺服驱动监视
```

图 6.1 系统任务分配

(1) 操作和系统运行管理任务

包括以下子模块：
- 系统运行管理；
- 显示和操作；

- 数控加工程序管理；
- 系统参数管理。

(2) 数控加工程序预处理任务

包括以下子模块：
- 数控程序读入和加载；
- 译码；
- 编程坐标系处理；
- 刀具补偿；
- 写运动控制指令缓冲区 FIFO。

(3) 运动和 PLC 控制任务

包括以下子模块：
- 读运动控制指令缓冲区 FIFO；
- 插补器；
- 手动进给；
- 插补器/手动切换；
- 坐标变换；
- 机床误差补偿；
- 机床传动匹配；
- PLC 控制；
- 现场总线驱动；
- 伺服驱动监视。

以上 3 个任务模块在不同的任务周期下工作。典型的任务周期设置为：

① 操作和系统运行管理的任务周期为 50~100 ms；

② 运动和 PLC 控制的任务周期与插补器使用同一周期(插补周期)，是系统的最小控制运算周期，根据机床的控制功能要求和数控系统硬件的运算能力来确定，常用周期时间为 1~10 ms；

③ 数控加工程序预处理的任务周期：可以设置为 2~4 倍的插补周期。

数控系统程序及功能库结构如图 6.2 所示。数控加工程序预处理功能库独立于主程序，由功能块库 pre_process_lib 完成；操作和系统运行管理中的显示和操作功能由功能块库 hmi_lib 完成。pre_process_lib 和 hmi_lib 使用独立的 POU 编程和编译，由主程序调用。

为了使运动(插补器)和 PLC 控制任务能够获得连续稳定的插补程序段命令，在数控加工程序预处理任务与运动和 PLC 控制任务之间必须设置数据缓冲区 FIFO，图 6.3 的功能块 write_control_block。数控加工程序预处理任务在获得系统使用权时，保持 FIFO 有 2 个以上插补线段数据，供插补器使用。

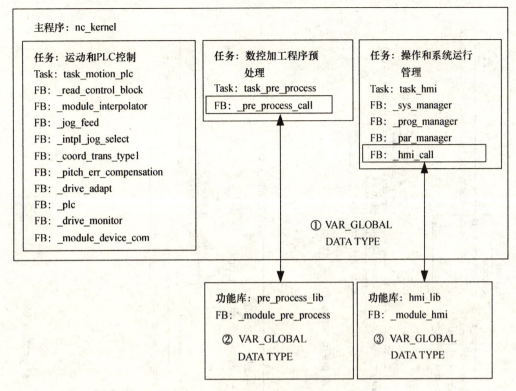

图 6.2 数控系统程序及功能库结构

6.1.1 数控加工程序预处理功能库

图 6.3 是数控加工程序预处理功能库的功能块图，使用独立的 POU 编程，名称为 pre_process_lib。"6.3 数控加工程序预处理功能库"将详细介绍数控加工程序预处理功能库中各个功能块的工作原理和程序示例。

6.1.2 运动和 PLC 控制程序

图 6.4 是运动和 PLC 控制任务的功能块图，它是数控系统软件主程序 POU 中的一个任务，名称为 task_motion_plc。"6.5 运动和 PLC 控制"将详细介绍运动和 PLC 控制任务中各个功能块的工作原理和程序示例。

6.1.3 操作和系统运行管理任务

图 6.5 是操作和系统运行管理任务的功能块图，名称为 task_hmi。"6.6 操作与运行管理"将详细介绍各个功能块的工作原理和程序示例。

功能模块 hmi_call 调用操作和显示功能库 hmi_lib 实现操作显示功能。在 6.6 节对其做详细介绍。

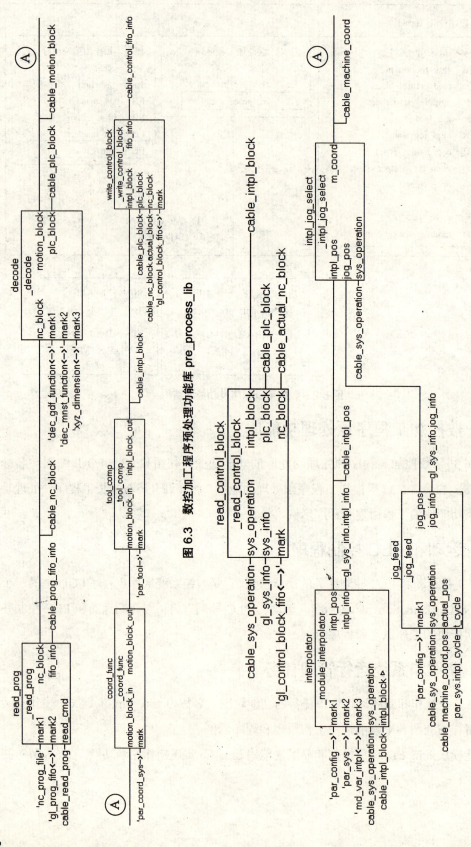

图 6.3 数控加工程序预处理功能库 pre_process_lib

图 6.4 运动和 PLC 控制模块 task_motion_plc

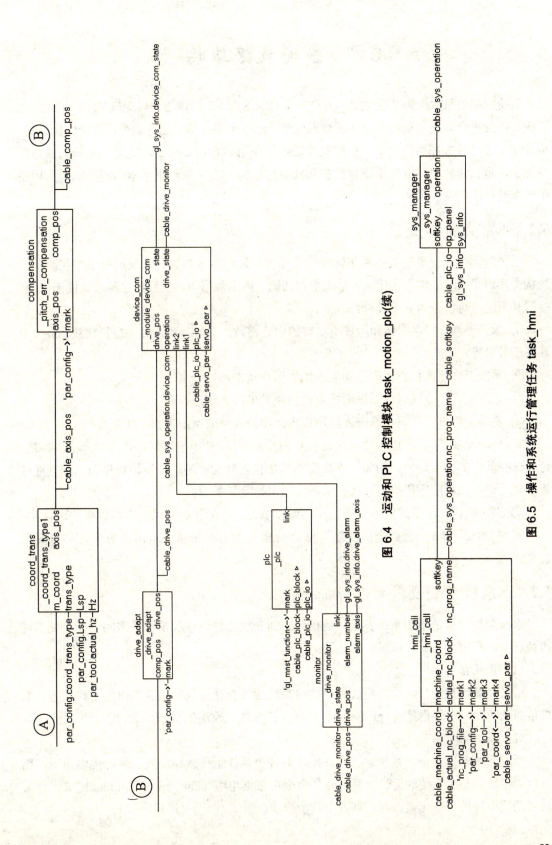

图 6.4 运动和 PLC 控制模块 task_motion_plc(续)

图 6.5 操作和系统运行管理任务 task_hmi

6.2 系统数据结构

系统数据由常数全局变量 VAR_GLOBAL CONSTANT 和普通全局变量 VAR_GLOBAL 组成。在普通全局变量基础上定义了数据电缆、组件变量、系统配置参数、系统信息变量、系统操作命令等控制数据类型，供相关功能模块使用。它们提供了功能模块之间的数据交换元素，是构建模块化数控系统软件的基础数据结构。第 7 章给出了本书程序示例所用系统数据结构的定义和说明。

6.2.1 常数全局变量

系统常数全局变量为数控系统软件程序提供一致的编译参数、系统运行命令代码、系统状态代码、系统工作方式代码、系统配置代码、固定数值等，使程序更易读，便于修改。根据其用途，可以分为 6 个部分：

① 编译参数，程序编译和运算所需要的固定常数，例如：系统最大控制轴数、最大刀具补偿数目等；

② 系统工作状态代码，表示功能模块的运行状态；

③ 系统运行命令代码，系统运行管理模块发出的系统运行命令；

④ 系统工作方式代码，系统人机操作界面模块发出的系统工作方式命令；

⑤ 模块配置代码，功能模块可能具有多种控制功能，使用模块配置代码设置模块参数，可以选择其中的控制功能。例如：坐标变换模块包含针对多种机床结构布局的坐标变换计算公式，使用模块配置代码可以选择所需要的坐标变换类型；

⑥ 固定数值，用于固定常数的计算，可以节省程序运算时间以及提高程序的可读性。

第 7 章中"7.1 常数全局变量"部分给出了本书程序示例所用常数变量的定义和说明。

6.2.2 系统全局变量

系统全局变量是用于系统各个功能模块之间交换工作命令和工作状态的变量，使系统协调运行。系统全局变量可以分为 2 类：

（1）系统信息

通过系统信息变量，功能模块和组件向系统运行管理模块发送其当前的工作状态。系统信息变量是一个数据结构_gl_sys_info，包含针对功能模块的状态元素。

（2）系统操作命令

通过系统操作命令，系统运行管理模块向各个功能组件或模块发送运行控制命令，用以控制模块和整个系统的运行。系统操作命令由数据电缆 cable_sys_operation 定义，包含针对功能模块的命令元素，发送到各个功能模块。

第 7 章中"7.2 系统全局变量"部分给出了本书程序示例所使用的系统全局变量的定义和说明。

6.2.3 参　　数

通过参数设置，数控系统用户可以使数控系统的功能与机床以及加工过程匹配，本书的程序示例使用了 3 种类型参数：

（1）系统配置参数

通过系统配置参数使数控系统与机床功能、结构、进给传动、伺服装置、伺服电机、现场总线、外部设备和辅助设备正确匹配。使用一个数控系统平台，通过配置参数可以方便地控制多种类型和规格的机床。配置参数保存在硬盘或 flash 存储器中，由参数管理功能模块管理，在人机操作界面可以显示和修改。

（2）系统参数

通过系统参数，设置系统运行的基本参数，供系统内部计算使用，例如：插补周期、译码缓冲区容量等。

（3）加工参数

本书程序示例使用的加工参数包括：

① 刀具参数，数控加工过程所需要的刀具长度和半径补偿数据；

② 坐标系参数，数控加工过程所需要的工件坐标系的设置数据。

第 7 章中"7.3 参数"部分给出了本书程序示例所用配置参数、系统参数和加工参数的定义和说明。

6.2.4 数据电缆

数据电缆是用于功能块之间连接的变量，用全局变量 global 类型的数据结构 struct 定义，具有 cable_前缀。第 7 章中"7.4 数据电缆"部分给出了本书程序示例所用数据电缆的定义和说明。

6.2.5 组件变量

供组件内部使用的数据变量称为组件变量，用全局变量 global 类型的数据结构 struct 定义，具有 md_var_前缀。第 7 章中"7.5 主程序和功能库程序内部变量数据结构"部分给出了本书程序示例所用组件变量的定义和说明。

6.2.6 功能库变量

本书提供的数控系统编程示例包含 2 个功能库，数控加工程序预处理任务调用的功能库 pre_process_lib 以及操作和系统运行管理任务调用的功能库 hmi_lib，由独立的 POU 编程和编译，供主程序调用（如图 6.2 所示）。本书将功能库 POU 程序内部使用的全局变量定义为功能库变量，如图 6.6 的②和③所示。IEC 61131－3 标准规定，主程序 POU 也能使用功能库 POU 内部的全局变量②和③。

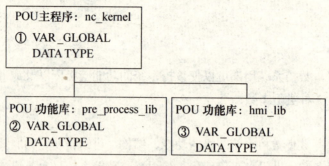

图 6.6　功能库全局变量

6.3　数控加工程序预处理功能库

数控加工程序预处理功能库在数控加工程序预处理任务(task_pre_process)下被调用(如图 6.2 所示)。它从数控加工程序文件(nc_prog)读入程序段,经过译码器分离出运动控制指令和辅助功能控制指令;然后,运动控制指令经过后续的编程坐标系处理、刀具半径和长度补偿形成插补指令;最后,将插补指令和辅助机能指令写到输出缓冲区(如图 6.3 所示),供后续的插补器模块和 PLC 控制模块使用。数控加工程序预处理组件的核心功能是译码功能,它将描述机床运动和辅助功能动作的数控加工程序转换成数控系统内部的控制数据。

6.3.1　数控加工程序和指令

数控系统根据数控加工程序控制机床的运动和辅助功能动作,例如主轴的启停、冷却液开关等。数控加工程序由字符和数字代码(code)组成,称为控制指令。在现代数控系统中,以文本文件形式保存在数控系统的存储器中。机床坐标轴的运动速度、位置、以及辅助功能动作都由唯一对应的字符和数字代码规定,这些规定构成了数控机床加工程序的编程标准。目前使用的数控加工程序编程国际标准为 ISO 6983。现代数控机床控制系统的译码器都能够完成 ISO 6983 标准格式程序译码,运行使用 ISO 6983 标准格式编写的数控加工程序。

1. ISO 6983 标准指令

ISO 6983 标准规定了字符集(Characters)、准备机能指令集(Preparatory Functions)和辅助机能指令集(Miscellaneous Function):

(1) 字符集(Characters)

ISO 6983 的指令代码以单个英文字母开头,后面跟随数字。ISO 6983 字符集对文字字符(A~Z)、数字(0~9)、运算符(+、-、*、/、…)、控制符(TAB、CR、…)的用途做出了规定。在存储介质上,使用 ASCII 字符格式来表示和记录。

(2) 准备机能(Preparatory Functions)

准备机能定义起源于数控系统发展初期,主要用于规定与机床坐标运动相关的控制指令,例如:插补轨迹、刀补方式、坐标系设定等。随着数控系统的功能发展,其功能也越来越丰富。准备机能指令代码由 G 字符加 2 位数字组成。

(3) 辅助机能(Miscellaneous Function)

辅助机能定义起源于数控系统发展初期，主要用于规定与机床辅助功能控制相关的控制指令，例如：主轴启停、冷却液开关、工件松夹等。辅助机能指令代码由 M 字符加 2 位数字组成。

附录 A 给出了 ISO 6983 数控加工程序编程标准指令集。

2. 厂商自定义指令

ISO 6983 没有将 G00～G99、M00～M99 范围的指令代码和字符集全部定义用完，其未使用部分可允许由数控系统厂商自行定义使用。由于国际主流数控系统厂商的产品影响，它也形成了一种习惯定义，被行业接受。附录 B 介绍本书编程示例中使用的部分自定义 G 指令代码和字符。

3. 数控加工程序示例

图 6.7 是一个工件轮廓铣削加工的编程示例。表 6.1 是工件轮廓元素的坐标数据。在图 6.7 中，G53 是机床坐标系原点，G54 是工件坐标系原点；P_0 为起刀点，r 为铣刀半径，$P_1 \sim P_4$ 为工件轮廓坐标点，实线为工件轮廓，虚线为刀心运动轨迹。

加工过程是：铣刀由起刀点 P_0 开始，沿图中虚线部分的刀心轨迹运动，最后返回起刀点 P_0。

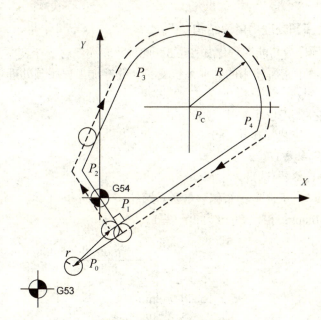

图 6.7 数控加工程序示例

表 6.1 刀具位置和轮廓的坐标数据

坐标点	坐标系	X/(mm)	Y/(mm)
P_0	G53	40.000	25.000
P_1	G54	20.000	−30.000

续表 6.1

坐标点	坐标系	X/(mm)	Y/(mm)
P_2	G54	-20.000	30.000
P_3	G54	27.251	133.282
P_c	G54	100.000	100.000
R =80.000 mm			
P_4	G54	175.554	73.702

本示例的数控加工程序如下：

```
N10 G54 G90 G17 D01 S1000
N20 G01 G41 X20. Y-30. F800 M03
N30 X-20. Y30. F500
    X27.251 Y133.282
N40 G02 X175.554 Y73.702 I72.748 J-33.282
N50 G01 X20. Y-30.
    G53 G40 X40. Y25. F10000 M05
N60 M02
```

4．数控加工程序预处理功能库结构

数控加工程序预处理功能库程序如图 6.3。此外，它还包含一个变量注释模块 mark（如图 6.8 所示），用来表示它所使用的其他系统变量。数控加工程序预处理功能库使用了以下系统变量、文件和参数。

- nc_prog：数控加工程序文件（读）；
- par_config：系统配置参数（读）；
- par_sys：系统参数（读）；
- par_tool：刀具参数（读）；
- par_coord_shift：工件坐标系偏移参数（读）；
- fifo_control_block：控制命令缓冲区（写）。

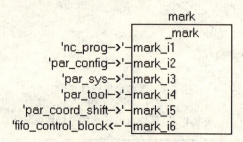

图 6.8 变量注释模块

功能库由以下模块组成：

① 数控加工程序读入（read_prog）；

② 译码器(decode);
③ 编程坐标系处理(coord_func);
④ 刀具补偿(tool_comp);
⑤ 控制指令输出(write_control_block);
⑥ 标记(mark), 表示组件使用的参数、文件、全局变量。

功能库在数控加工程序预处理任务(task_pre_process)下运行，由调用模块 pre_process_call 调用(参见 6.4 节)。功能库从数控加工程序文件(nc_prog)读入程序段，经过译码器分离出运动控制指令和辅助功能控制指令；其中运动控制指令经过后续的编程坐标系处理、刀具半径和长度补偿形成插补指令；最后将插补指令和辅助机能指令写到输出缓冲区，供后续的插补器模块和 PLC 控制模块使用。

6.3.2 数控加工程序读入模块

数控加工程序读入模块是数控加工程序预处理任务功能库的组成部分。由数控加工程序预处理任务调用。数控加工程序以文本文件形式存储在文件存储介质(磁盘或 FLASH 存储器)中。数控加工程序读入模块从数控加工程序文件中读取程序语句并将其保存在缓冲区，然后发送给后续的译码器模块。

1. 数控加工程序段读入

数控加工程序缓冲区是一个循环队列(FIFO)。图 6.9 是数控加工程序的读入和缓冲存储工作原理示意图。

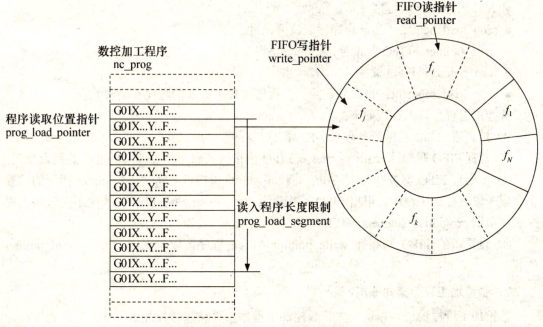

(a) 从数控加工程序文件读入一段数控加工程序

图 6.9 数控加工程序读入

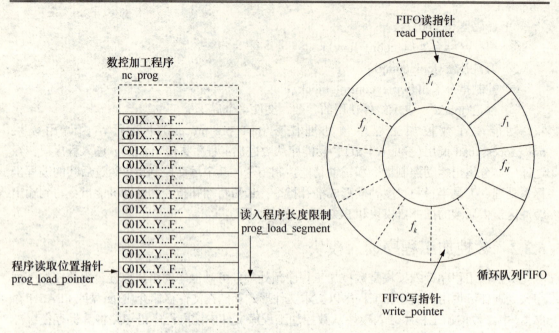

(b) 读入完成后的程序加载指针和 FIFO 写指针状态

图 6.9 数控加工程序读入(续)

图中各变量功能如下：
- $f_1 \sim f_N$：表示 FIFO 存储单元，变量类型为字符串；
- N：表示 FIFO 容量；
- prog_load_pointer：当前程序读取位置指针；
- write_pointer：FIFO 写指针；
- read_pointer：FIFO 读指针；
- prog_load_segment：每次从数控加工程序文件中读入的程序长度限制。

数控加工程序读入过程如下：

① 接到数控加工程序预处理任务的调用指令；

② 根据 FIFO 写指针 write_pointer 和 FIFO 读指针 read_pointer 计算 FIFO 的剩余空间；

③ 如果有 FIFO 剩余空间，则在当前程序读取位置指针 prog_load_pointer 指示的位置上读取一段数控加工程序，根据 FIFO 写指针 write_pointer 写入 FIFO，长度不超过读入程序长度限制 prog_load_segment 和 FIFO 剩余空间；

④ 设置新的 FIFO 写指针 write_pointer 和当前程序读取位置指针 prog_load_pointer 位置。

2．数控加工程序语句输出

数控加工程序的读入模块首先从数控加工程序文件读入数控加工程序，写入程序缓冲队列 FIFO，然后再从 FIFO 读出一条程序语句，发送给后续的译码器模块。过程如下：

① 根据 FIFO 读指针 read_pointer 位置从 FIFO 中取出一个程序语句(当前程序语句)；

② 当前程序为插补控制程序语句时，还需要从 FIFO 中找出下一个插补控制程序语句，

以便后续的刀具半径偏移计算和进给速度衔接，如图 6.10 所示；

③ 将以上程序语句从数控加工程序读入模块的输出接口发送给后续的译码器模块。

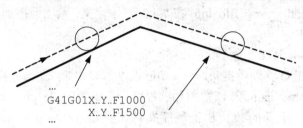

图 6.10　刀具半径偏移计算和进给速度衔接

3．程序模块示例

图 6.11 是数控加工程序的读入模块，它处于数控加工程序预处理功能库的开始部分（如图 6.3 所示）。

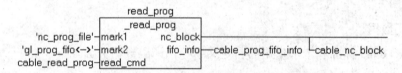

图 6.11　数控加工程序的读入模块

(1) 输入变量

输入变量的定义如下：

```
FUNCTION_BLOCK _read_prog
VAR_INPUT
    mark1:STRING;
    mark2:STRING;
    read_cmd:_cable_read_prog;
END_VAR
```

输入变量程序语句解释如下。

- mark1：连接数控加工程序文件 nc_prog_file，读取数控加工程序；
- mark2：使用系统全局变量 gl_prog_fifo，在 7.2(4) 中定义；
- read_cmd：从数据电缆 cable_read_prog 获得读取数控加工程序的命令，数据电缆 cable_read_prog 在 7.4.3(5) 中定义。

(2) 输出变量

输出变量的定义如下：

```
VAR_OUTPUT
    nc_block:_cable_nc_block;
    fifo_info:_cable_prog_fifo_info;
END_VAR
```

输出数据电缆_cable_nc_block 在 7.4.3(3)中定义。它包含 2 个 STRING 类型变量：actual_block 输出当前数控加工程序语句，next_intpl_block 输出下一个插补程序语句。

输出数据电缆_cable_prog_fifo_info 在 7.4.3(4)中定义，输出数控加工程序缓冲区 FIFO 可供写入的剩余空间。

(3) 程序缓冲队列管理变量

程序缓冲队列 FIFO 管理数据_gl_prog_fifo 在 7.2(4)中定义。当保存在程序缓冲队列管理变量 gl_prog_fifo.prog_name 与读数控加工程序指令电缆 cable_prog_read.prog_name 不同时，表示需要打开一个新的数控加工程序文件，并用 cable_prog_read.prog_name 刷新 gl_prog_fifo.prog_name 内容。

6.3.3 译码器

如图 6.12 所示，译码器模块 decode 通过数据电缆 cable_nc_block 获得数控加工程序语句。它们是字符串格式的变量。译码器的任务是将它们分类并转换成规定类型的数据，供后续处理使用。

1. 译码数据

根据 ISO 6983 标准和本书使用的自定义字符，译码数据分为如下 3 类：

(1) 准备机能类

它包括 G、D、F 代码。数控程序语句经过译码后，与准备机能相关的指令代码数值被存储到 dec_gdf_function 结构对应的元素中，形成后续的控制命令。dec_gdf_function 使用 _gl_gdf_function 数据类型定义。译码过程中也要使用 dec_gdf_function 以获得当前准备机能状态。_gl_gdf_function 的数据结构在 7.2(2)中介绍，是功能库 pre_process_lib 的全局变量。

(2) 辅助机能类

它包括 M、N、S、T 代码。数控程序语句经过译码后，与辅助机能相关的指令代码数值被存储到 PLC 数据电缆 cable_plc_block 结构对应的元素中，由后续的写控制缓冲区模块写入到控制指令缓冲区 gl_control_block_fifo。数据电缆 cable_plc_block 在 7.4.2(3)中定义。辅助机能的译码结果被分别写入 cable_plc_block 对应的如下变量中：

- m_code[1..MAX_M_CODE_IN_BLOCK]：M 指令；
- t_code：T 指令；
- s_code：S 指令；
- n_code：N 指令；
- MAX_M_CODE_IN_BLOCK：每个数控加工程序语句允许包含的最大 M 指令数目。

辅助功能译码结果也同时写入到 dec_mnst_function 数据结构中，以保存当前辅助机能状态。dec_mnst_function 是功能库 pre_process_lib 的全局变量，使用_gl_mnst_function 数据类型定义，在 7.2(3)中介绍。

(3) 位置坐标类

它包括 X、Y、Z、A、B、C、I、J、K 代码。数控程序语句经过译码后，与坐标位置控制相关的指令代码数值被存储到 xyz_dimension 结构对应的元素中，形成后续的控制命令。xyz_dimension 用数据类型_xyz_dimension 定义，在 7.5.2(3)中介绍。

2. 译码器工作原理

译码器按照规定的规则，将用字符串格式表示的数控程序语句转换成准备机能、辅助机能和位置坐标数据。图 6.12 是译码器模块功能块图。

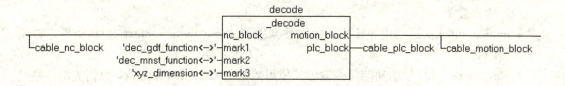

图 6.12　译码器模块功能块图

译码器模块 decode 数据结构的定义如下：

```
FUNCTION_BLOCK _decode
VAR_INPUT
  nc_block:_cable_nc_block;
  mark1:STRING;
  mark2:STRING;
  mark3:STRING;
END_VAR
VAR_OUTPUT
  motion_block:_cable_motion_block;
  plc_block:_cable_plc_block;
END_VAR
VAR
  dec_word:ARRAY[1..MAX_DEC_WORD] OF _dec_word;
  dec_word_next:ARRAY[1..MAX_DEC_WORD] OF _dec_word;
  gdf_function_next:_gl_gdf_function;
  xyz_dimension_next:_xyz_dimension;
END_VAR
```

```
VAR_GLOBAL CONSTANT
  MAX_DEC_WORD:WORD:=32;
END_VAR
```

各部分变量的说明如下。

(1) 输入变量

- nc_block：来自程序读入模块的数控程序语句，使用数据电缆 cable_actual_nc_block 数据类型，参见 7.4.3(3)；
- mark1：读写准备机能数据 dec_gdf_function，是功能库全局变量，使用数据结构 _gl_gdf_function，参见 7.5.2 (2)；

- **mark2**：读写辅助机能数据 dec_mnst_function，是功能库全局变量，使用数据类型 _gl_mnst_function，参见 7.5.2 (2)；
- **mark3**：读写位置坐标数据 xyz_dimension，是功能库 pre_process_lib 全局变量，使用数据类型 _xyz_dimension，参见 7.5.2(3)。

(2) 输出变量

- **motion_block**：运动指令输出，使用数据电缆 cable_motion_block 数据类型，参见 7.4.3(2)；
- **plc_block**：PLC 辅助功能指令输出，使用数据电缆 cable_plc_block 数据类型，参见 7.4.2(3)。

(3) 内部变量

- **dec_word**：在译码过程中，需要将数控程序语句转换成一种中间变量(单词)，dec_word 是译码器模块使用的内部中间变量，参见 7.5.2(1)。MAX_DEC_WORD 是允许数控程序语句包含的最大的单词数量；
- **dec_word_next**：后续插补线段的译码中间变量；
- **gdf_function_next**：后续插补线段的准备机能 G、D、F 代码，使用数据类型 _gl_gdf_function 定义；
- **xyz_dimension_next**：后续插补线段的位置坐标，使用数据类型 _xyz_dimension 定义。

译码器将数控加工程序语句分解成"单词"，作为中间变量保存在 dec_word 变量中。例如，程序语句"N20 G01 G41 D01 X20. Y-30. F800"经过译码处理后存储在译码单词中的内容为：

```
dec_word[1].char='N'
dec_word[1].value=20
dec_word[2].char='G'
dec_word[2].value=1
dec_word[3].char='G'
dec_word[3].value=41
dec_word[4].char='D'
dec_word[4].value=1
dec_word[5].char='X'
dec_word[5].value=20
dec_word[6].char='Y'
dec_word[6].value=-30
dec_word[7].char='F'
dec_word[7].value=800
```

供后续译码使用。

译码器工作过程分为 3 个阶段：

① 第 1 阶段，首先将一个数控程序语句分解为多个"单词"(dec_word[i])；

② 第 2 阶段，将单词逐个与控制代码比较后匹配，然后将结果写入对应的控制功能元

素 dec_gdf_function、dec_mnst_function 和 xyz_dimension 中;

③ 第 3 阶段,输出译码结果 motion_block 和 plc_block。图 6.13 表示对数控语句译码和系统数据的刷新过程。

图 6.13 译码器工作原理

当后续数控程序语句为插补控制语句时,为了完成刀具半径偏移计算和速度衔接(如图 6.10 所示),还需要使用数控程序读入模块输出的后续插补语句数据 next_intpl_block(参见 7.4.3(3))实现对后续插补语句的译码。此时,需要使用内部数据变量 dec_word_next、gdf_function_next、xyz_dimension_next。它们的数据结构与 dec_word、dec_gdf_function、xyz_dimension 相同。最后由 2 个程序语句共同产生译码输出语句 motion_block。后续插补控制语句的译码过程如图 6.14 所示。

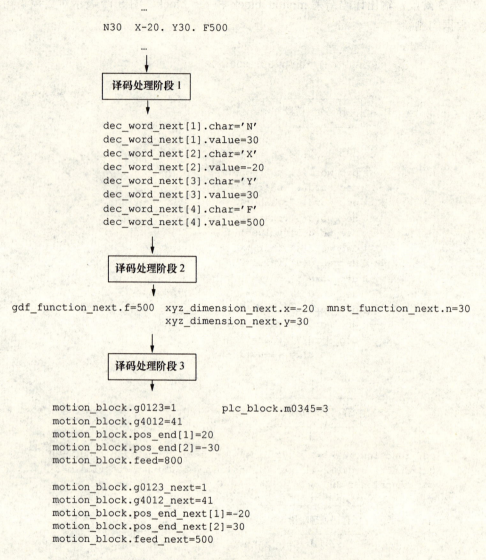

图 6.14 译码器工作原理——后续插补语句译码

由于本程序语句的插补起点就是前一数控语句(图 6.13 中)的插补终点,译码输出的 motion_block.pos_start 值是前一数控语句中 motion_block.pos_end 值产生的。

6.3.4 编程坐标系处理

编程坐标系处理功能包括编程工件坐标系向机床坐标系的转换、编程运动路径的比例缩放、镜像映射、坐标系旋转、极坐标向直角坐标系变换等。坐标系处理参数由机床操作者在机床操作面板设置,保存在系统坐标系参数文件和数据结构中,通过数控程序指令选择功能使能或撤销。本节内容将详细介绍坐标系参数的使用。

1. 工件坐标系偏移处理

为了方便数控加工程序的编写，数控系统通常具有工件坐标系的设置和编程功能。如图 6.15 所示，G53 为机床坐标系原点，它是机床各个坐标轴的一个固定位置。在采用增量位置检测元件的数控机床上，每次执行返回参考点操作后，各个坐标轴处于此位置。在使用绝对位置检测元件的数控机床上，此位置是固定的。每次开机时机床的当前位置就是相对此点的坐标。

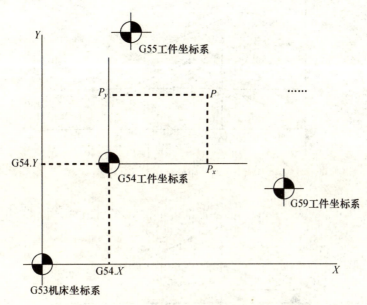

图 6.15 工件坐标系偏移

G54~G59 是可以设置的 6 个工件坐标系。以 G54 为例，坐标偏移量 $G54.X$ 和 $G54.Y$ 是工件坐标系 G54 相对机床坐标系 G53 的偏移量，由操作人员根据工件装夹定位和数控加工程序要求在数控系统操作界面设置，在数控系统中称为工件坐标系偏移参数，保存在工件坐标系参数 par_coord_sys 中（参见 7.3.4 节）。

机床坐标轴的运动控制是在机床坐标系下完成的，为了实现机床坐标系下的运动控制，必须将工件坐标系下的编程位置转换成机床坐标系位置。以图 6.15 为例，P 点在 G54 坐标系中的编程位置为 P_x 和 P_y，在 G53 坐标系中为：

$$X = G54.X + P_x \tag{6-1}$$

$$Y = G54.Y + P_y \tag{6-2}$$

后续的控制功能模块按照机床坐标系完成控制任务。通过编程指令 G54~G59 可以调用当前使用的坐标系，例如在 6.3.1 节的 "3. 数控加工程序示例" 部分中，通过 G54 设置当前工件坐标系，开始工件轮廓的加工：

```
N10 G54 G90 G17 D01 S1000
```

轮廓加工完成后，通过 G53 恢复到机床坐标系控制，刀具返回到机床坐标系下的起刀点：

```
G53 G40 X40. Y25. F10000 M05
```

2. 比例缩放、镜像映射和工件旋转

比例缩放、镜像映射和工件旋转功能如图 6.16 所示。

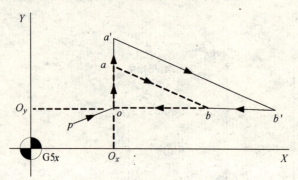

(a) 比例缩放

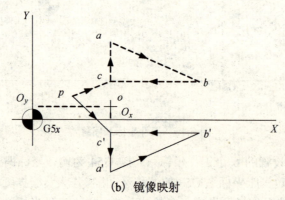

(b) 镜像映射

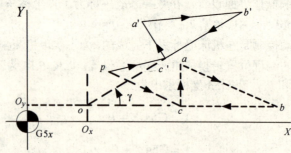

(c) 工件旋转

图 6.16　比例缩放、镜像映射和工件旋转功能

(1) 比例缩放

在图 6.16(a)中，$p \to o \to a \to b \to o$ 表示在工件坐标系 G5x(G54~G59)下的刀具编程运动路径，p 是当前刀具位置，o 是比例缩放的坐标原点。经过比例缩放后（图中示例为放大），刀具的实际运动路径成为 $p \to o \to a' \to b' \to o$。例如，在 G5$x$ 坐标系下，编程坐标

点 a 比例缩放成 a' 的计算公式为：

$$X_{a'} = O_x + (X_a - O_x) \times K_x \tag{6-3}$$

$$Y_{a'} = O_y + (Y_a - O_y) \times K_Y \tag{6-4}$$

(2) 镜像映射

在图 6.16(b) 中，$p \to c \to a \to b \to c$ 表示在工件坐标系 G5x(G54~G59) 下的刀具编程运动路径，p 是当前刀具位置，o 是镜像映射的对称原点。经过镜像映射后（图中示例为相对 X 轴镜像映射），刀具的实际运动路径成为 $p \to c' \to a' \to b' \to c'$。例如，在 G5$x$ 坐标系下，编程坐标点 a 镜像映射为 a' 的计算公式为：

$$X_{a'} = X_a \tag{6-5}$$

$$Y_{a'} = O_y - (Y_a - O_y) \tag{6-6}$$

在数控系统控制软件中，比例缩放和镜像映射功能可以使用统一计算公式完成，以 a' 点计算为例：

$$X_{a'} = O_x + (X_a - O_x) \times K_x \tag{6-7}$$

$$Y_{a'} = O_y + (Y_a - O_y) \times K_y \tag{6-8}$$

通过选择 K_x 和 K_y 大小和正负符号可以同时完成比例缩放和镜像映射的功能。

(3) 工件旋转

在图 6.16(c) 中，$p \to c \to a \to b \to c$ 表示在工件坐标系 G5x(G54~G59) 下刀具的编程运动路径，p 是当前刀具位置，o 是工件旋转的计算原点。经过工件旋转后（图中示例为绕 Z 轴旋转 γ 角），刀具的实际运动路径成为 $p \to c' \to a' \to b' \to c'$。例如，在 G5$x$ 坐标系下，编程坐标点 a 经过工件旋转成为 a' 的公式为：

$$X_{a'} = O_x + (X_a - O_x) \times \cos\gamma - (Y_a - O_y) \times \sin\gamma \tag{6-9}$$

$$Y_{a'} = O_y + (X_a - O_x) \times \sin\gamma + (Y_a - O_y) \times \cos\gamma \tag{6-10}$$

在数控系统中，比例缩放、镜像映射和工件旋转相关控制参数 O_x、O_y、K_x、K_y、γ 等保存在坐标系处理参数 par_coord_sys 中（参见 7.3.4 节）。通过编程指令 G51 使能比例缩放、镜像映射的变换功能，通过 G50 取消比例缩放、镜像映射的变换功能；通过编程指令 G68 使能工件旋转变换功能，通过 G69 取消工件旋转变换功能。

此外有些数控系统也可以使用数控编程指令在数控程序中设置比例缩放、镜像映射和工件旋转相关控制参数。

3. 编程坐标系处理模块程序示例

图 6.17 是编程坐标系处理模块的功能块图。编程坐标系处理模块 coord_func 的输入连接译码器输出，其输出连接刀具半径和长度补偿模块 tool_comp（如图 6.3 所示）。模块使用

编程坐标系处理参数 par_coord_sys，输入和输出数据电缆均使用 cable_motion_block 数据类型。

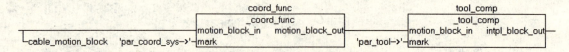

图 6.17　编程坐标系处理功能块图

(1) 数据结构

编程坐标系处理模块数据结构的定义如下：

```
FUNCTION_BLOCK _coord_func
VAR_INPUT
   motion_block_in:_cable_motion_block;
   mark:STRING;
END_VAR
VAR_OUTPUT
   motion_block_out:_cable_motion_block;
END_VAR
VAR
   active_g5x:WORD;
   i:WORD;
END_VAR
```

各部分变量的说明如下。

① 输入变量

- motion_block_in：使用译码器输出数据电缆 cable_motion_block 数据结构，其数据结构参见 7.4.3(2)；
- mark：表示使用编程坐标系参数 par_coord_sys，其数据结构参见 7.3.4 节。

② 输出变量

- motion_block_out：使用数据电缆 cable_motion_block 数据结构。

③ 模块内部变量

- active_g5x：当前工件坐标系偏移数组变量索引；
- i：数组变量索引。

(2) 示例程序片段

以下是比例缩放、镜像映射和编程坐标系偏移计算的示例程序片段：

```
IF motion_block_in.g501=51 THEN
   FOR i:=1 TO MAX_AXIS DO
   motion_block_in.pos_start[i]:=(motion_block_in.pos_start[i]-par_coord_sys.origin[i])
         *par_coord_sys.scale[i];
   motion_block_in.pos_end[i]:=(motion_block_in.pos_end[i]-par_coord_sys.origin[i])
```

```
              *par_coord_sys.scale[i];
    motion_block_in.pos_centre[i]:=(motion_block_in.pos_centre[i]-par_coord_sys.origin[i])
              *par_coord_sys.scale[i];
    motion_block_in.pos_end_next[i]:=(motion_block_in.pos_end_next[i]-
              par_coord_sys.origin[i])*par_coord_sys.scale[i];
    motion_block_in.pos_centre_next[i]:=(motion_block_in.pos_centre_next[i]-
              par_coord_sys.origin[i])*par_coord_sys.scale[i];
  END_FOR
END_IF
active_g5x:=motion_block_in.g53_9-52;
FOR i:=1 TO MAX_AXIS DO
  motion_block_out.pos_start[i]:=motion_block_in.pos_start[i]+
          par_coord_sys.shift[active_g5x,i];
  motion_block_out.pos_end[i]:=motion_block_in.pos_end[i]+
          par_coord_sys.shift[active_g5x,i];
  motion_block_out.pos_centre[i]:=motion_block_in.pos_centre[i]+
          par_coord_sys.shift[active_g5x,i];
  motion_block_out.pos_end_next[i]:=motion_block_in.pos_end_next[i]+
          par_coord_sys.shift[active_g5x,i];
  motion_block_out.pos_centre_next[i]:=motion_block_in.pos_centre_next[i]+
          par_coord_sys.shift[active_g5x,i];
END_FOR
```

在示例程序段中，active_g5x 索引工件坐标系，如表 6.2 所示。MAX_AXIS 是系统常数全局变量，表示系统控制的最大轴数（参见 7.1(1)）。

表 6.2 变量索引坐标系

active_g5x	坐标系
1	G53
2	G54
3	G55
4	G56
5	G57
6	G58
7	G59

6.3.5 刀具半径和长度补偿

刀具半径和长度补偿功能是数控系统的一项重要和必备的功能。使用刀具补偿功能，可以减少机床、刀具和数控加工程序的调整时间，提高机床使用效率。如图 6.18 所示，先进数控系统具有平面轮廓刀具（铣刀）半径补偿功能图 6.18(a)、刀具长度补偿功能图 6.18(b)、车刀半径和位置补偿功能图 6.18(c)、空间刀具半径和长度补偿功能图 6.18(d)。

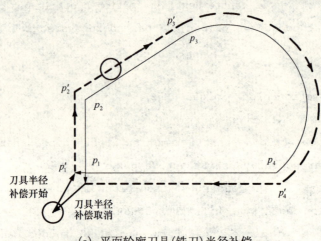

(a) 平面轮廓刀具（铣刀）半径补偿

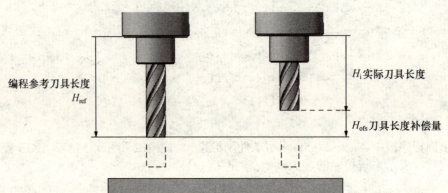

(b) 刀具长度补偿

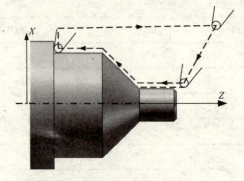

(c) 刀尖半径和位置补偿

图 6.18 刀具补偿功能

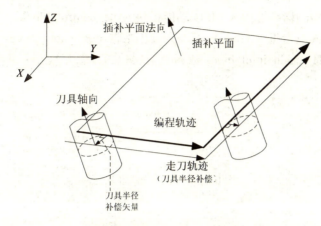

(d) 空间刀具半径和长度补偿

图 6.18 刀具补偿功能(续)

本书以刀具半径(铣刀)和刀具长度补偿功能为例介绍数控系统的刀具补偿功能模块。

1. 刀具半径补偿

如图 6.18(a)所示,铣削加工工件轮廓时,编程路径为 $p_1 \to p_2 \to p_3 \cdots$。数控机床运行时,由数控系统完成刀具半径补偿功能。根据实际设定的刀具半径补偿值和补偿方向进行选择,自动将运动路径修正成 $p_1' \to p_2' \to p_3' \cdots$。

刀具半径补偿主要涉及直线和圆弧的交点和切点几何计算问题,对此本书不做详细的介绍。以下重点介绍刀具半径补偿所涉及的数控编程指令和数据流。刀具半径补偿所涉及的数控编程指令和系统参数如下:

- G17/18/19:加工平面选择 XY/ZX/YZ;
- G41:刀具运动路径在编程路径左侧;
- G42:刀具运动路径在编程路径右侧;
- G40:取消刀具半径补偿;
- D:刀具半径补偿号,对应的刀具半径补偿量保存在刀具参数 par_tool.radius [D]中。7.3.3 节介绍刀具补偿参数的数据结构。

2. 刀具长度补偿

如图 6.18(b)所示,编写数控加工程序时,使用一个编程参考刀具长度 H_{ref} 控制刀具端部的 Z 轴位置。机床加工时,根据实际使用的刀具长度 H_i,在数控系统中设置刀具长度补偿量 H_{ofs}。数控系统运行时,自动完成补偿计算,使刀具端部达到编程位置。刀具长度补偿所涉及的数控编程指令和系统参数的作用如下。

- G43:刀具长度补偿有效;
- G49:取消刀具长度补偿;
- H:为刀具长度补偿号,对应的刀具长度补偿量保存在刀具参数_par_tool.length [H]中。

3. 刀具补偿模块程序示例

图 6.19 是刀具补偿功能块图。其输入连接编程坐标系处理模块 coord_func 的输出,其

输出连接后续的写控制指令缓冲区 FIFO 功能模块 write_control_block。刀具补偿模块使用刀具补偿参数 par_tool（参见 7.3.3 节），其输入使用数据电缆_cable_motion_block 数据类型，其输出使用数据电缆_cable_intpl_block 数据类型（参见 7.4.2(1)）。

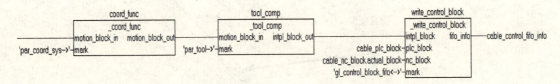

图 6.19　刀具补偿功能块图

(1) 数据结构

刀具补偿模块数据结构定义如下：

```
FUNCTION_BLOCK _tool_comp
VAR_INPUT
    motion_block_in:_cable_motion_block;
    mark:STRING;
END_VAR
VAR_OUTPUT
    intpl_block_out:_cable_intpl_block;
END_VAR
```

各部分变量的说明如下。

① 输入变量

- motion_block_in：使用数据电缆_cable_motion_block 数据结构，参见 7.4.3(2)；
- mark：表示使用刀具参数，刀具参数的数据结构在 7.3.3 中定义。

② 输出变量

- intpl_block_out：使用数据电缆_cable_intpl_block 数据结构。其中的_cable_intpl_block 是后续插补器使用的数据结构，参见 7.4.2(1)中定义。

(2) 示例程序片段

现举一个刀具补偿的程序示例，其中涉及刀具长度补偿的程序片段为：

```
IF motion_block_in.g439=43 THEN
    intpl_block_out.start_position[3]:=motion_block_in.pos_start[3]+
        par_tool.length[motion_block_in.h];
    intpl_block_out.end_position[3]:=motion_block_in.pos_end[3]+
        par_tool.length[motion_block_in.h];
    intpl_block_out.centre[3]:=motion_block_in.pos_centre[3]+
        par_tool.length[motion_block_in.h];
END_IF
```

当输入 motion_block_in.g439=43 时，执行刀具长度补偿计算。根据刀具长度补偿号 motion_block_in.h，从刀具参数 par_tool 读出刀具补偿值 par_tool.length[motion_block_in.h]，叠加到 Z 轴指令位置（数组索引[3]），并输出插补位置命令 intpl_block_out.start_position[3]、intpl_block_out.end_position[3]和 intpl_block_out.centre[3]。

涉及刀具半径补偿的程序片段为：

```
CASE  motion_block_in.g4012 OF
   41:   (*-- calculation of tool radius compensation --*);
   42:   (*-- calculation of tool radius compensation --*);
END_CASE
```

根据刀具半径补偿方向 motion_block_in.g4012 完成刀具半径偏移计算，主要涉及几何元素的相交、相切计算，此处略去详细的计算过程。

刀具长度和半径偏移计算完成后，获得新的位置指令数据：

```
intpl_block_out.start_position
intpl_block_out.end_position
intpl_block_out.centre
```

此外还需要将 motion_block_in 的其他插补指令数据复制到模块的输出 intpl_block_out：

```
intpl_block_out.feed_prog:=motion_block_in.feed;
intpl_block_out.feed_next_block:=motion_block_in.feed_next;
intpl_block_out.g0123:=motion_block_in.g0123;
intpl_block_out.g1789:=motion_block_in.g1789;
intpl_block_out.g07:=motion_block_in.g07;
```

6.3.6　写控制指令缓冲区 FIFO

写控制指令缓冲区模块 write_control_block 将程序预处理模块（译码、编程坐标系变换、比例缩放、镜像映射处理、工件旋转处理、刀具补偿）产生的插补指令段以及 PLC 开关量控制命令写入指令缓冲区，供后续的插补器组件和 PLC 控制模块使用，产生机床的运动和辅助控制动作。指令缓冲区是一个循环队列（FIFO）。图 6.20 是控制指令缓冲存储工作原理示意图。

写控制指令段缓冲区模块将控制指令 intpl_block 和 plc_block 写入写指针 write_pointer 指示的位置 f_j，并且产生新的写指针位置。读指针由后续的运动和 PLC 控制任务 task_motion_plc 中的读控制指令缓冲区模块 read_control_fifo 操作，完成控制指令的读出和读指针位置 f_i 的刷新。根据写指针位置 f_j、读指针位置 f_i 以及数据缓冲区容量 N，可以计算出数据缓冲区的剩余空间，供系统运行控制模块作为运行控制信息使用。

图 6.21 是写控制指令缓冲区模块的功能块图。

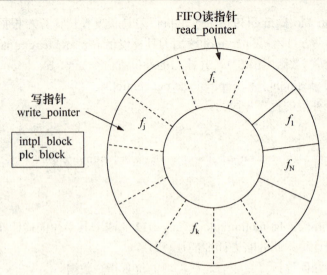

图 6.20 控制指令缓冲区循环队列 FIFO

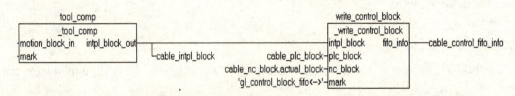

图 6.21 写控制指令缓冲区模块的功能块图

模块的输入连接刀具补偿模块的输出 intpl_block_out,以及译码模块的输出 cable_plc_block。_gl_control_block_fifo 是数据缓冲区存储变量和控制变量的数据结构体。模块输出 fifo_info 指示数据缓冲区的剩余空间。它们数据结构的定义如下:

```
FUNCTION_BLOCK _write_control_block
VAR_INPUT
    intpl_block:_cable_intpl_block;
    plc_block:_cable_plc_block;
    nc_block:STRING;
    mark:STRING;
END_VAR
VAR_OUTPUT
    fifo_info:_cable_control_fifo_info;
END_VAR
```

各部分变量的说明下。
① 输入变量
- intpl_block: 插补指令,使用_cable_intpl_block 数据定义,参见 7.4.2(1);
- plc_block: PLC 指令,使用_cable_plc_block 数据定义,参见 7.4.2(3);
- mark:指示控制指令缓冲区 FIFO 数据 gl_control_block_fifo 的读写操作,参见 7.2(1)。

② 输出变量
- fifo_info：控制指令缓冲区 FIFO 的状态信息，由 _cable_control_fifo_info 定义，参见 7.4.3(1)。

本书略去写数据缓冲区 FIFO 程序的详细介绍。

6.4 数控加工程序预处理功能库的运行控制

数控加工程序预处理功能库 pre_process_lib 在数控加工程序预处理任务 task_pre_process 下运行，如图 6.22 所示。

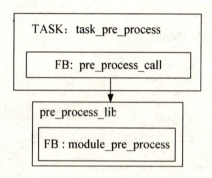

图 6.22 数控加工程序预处理功能库运行

程序调用模块 pre_process_call 是程序预处理任务 task_pre_process 的一个功能模块，它调用数控加工程序预处理功能库中 module_pre_process 模块。

task_pre_process 的程序示例如下：

```
PROGRAM task_pre_process
VAR
    pre_process_call: _pre_process_call;
END_VAR
```

6.4.1 数控加工程序预处理功能库的调用模块

图 6.23 是调用数控加工程序预处理功能库的功能块 pre_process_call。

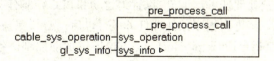

图 6.23 数控加工程序预处理功能库的调用模块

数控加工程序预处理功能库 pre_process_lib 中的 module_pre_process 功能块由图 6.3 中的子功能模块组成，作为系统功能库功能块集成在系统主程序中，如图 6.24 所示。

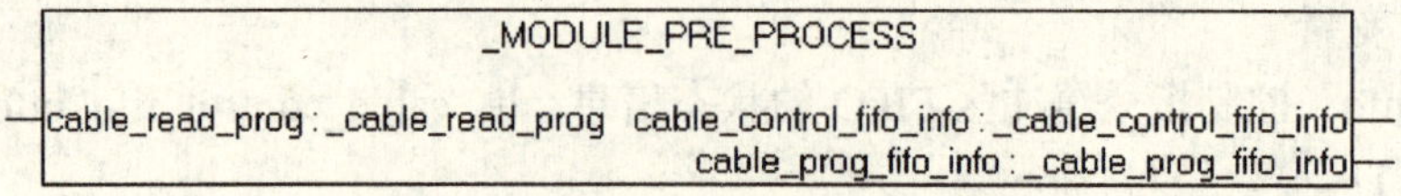

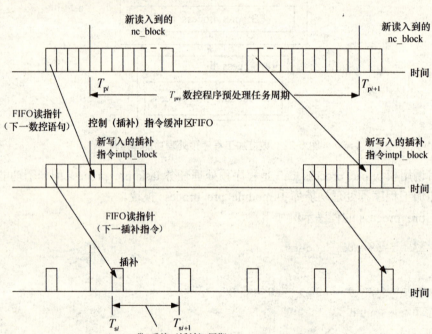

图 6.24 数控加工程序预处理功能库

图 6.24 给出了 module_pre_process 功能块的输入变量和输出变量，数据电缆 cable_read_prog、_cable_control_fifo_info 和 _cable_prog_fifo_info，分别参见 7.4.3 节的(5)、(1)和(4)。

6.4.2 数控加工程序预处理功能库的调用时序和控制

图 6.25 是图 6.2 中数控加工程序预处理任务 task_pre_process 与运动和 PLC 控制任务 task_motion_plc 的时序关系示例。

图 6.25 程序预处理任务与插补任务工作时序

在本示例中，程序预处理任务周期 T_{pre} 设置为运动和 PLC 控制任务周期（系统基本周期、插补周期）T_{sys} 的 4 倍。在每次程序预处理任务运行以后，必须保证控制指令缓冲区 FIFO 内至少有 4 个以上控制指令段(intpl_block/plc_block)供运动控制任务（插补和 PLC）使用，也就是说对 4 段以上数控加工程序语句进行译码。

数控加工程序预处理功能库调用模块 pre_process_call 能够根据控制指令缓冲区 FIFO 的剩余空间，调用数控加工程序预处理功能库的 module_pre_process 功能块，合理控制控制指令缓冲区 FIFO 保存的控制指令段数目。同时也能控制从数控加工程序文件 nc_prog 中预读的数控语句的数目。

6.4.3 程序示例

现举例说明数控加工程序预处理调用模块 pre_process_call 的应用。

1. 变量定义

数控加工程序预处理调用模块 pre_process_call 中变量定义如下:

```
FUNCTION_BLOCK _pre_process_call
VAR_INPUT
    sys_operation:_cable_sys_operation;
END_VAR
VAR_IN_OUT
    sys_info:_gl_sys_info;
END_VAR
VAR
    module_pre_process:_module_pre_process;
    read_prog:_cable_read_prog;
    control_fifo_info:_cable_control_fifo_info;
    prog_fifo_info:_cable_prog_fifo_info;
    free_unit:WORD;
    i:WORD;
END_VAR
```

```
VAR_GLOBAL CONSTANT
    …
    NUMBER_OF_READ_PROG_BLOCK:WORD:=10;
    NUMBER_OF_WRITE_CONTROL_BLOCK:WORD:=4;
    …
END_VAR
```

各部分变量说明如下。

(1) 输入变量

sys_operation 使用系统操作命令数据电缆_cable_sys_operation 的结构成员(参见 7.4.1(9)),定义形式如下:

```
TYPE _cable_sys_operation :
    STRUCT
        …
        intpl_operation:WORD;
        nc_prog_name:STRING;
```

```
      …
   END_STRUCT
END_TYPE
```

nc_prog_name 是系统运行管理模块发出的当前执行数控加工程序文件名。intpl_operation 是系统操作命令，例如：启动数控程序(CMD_START)的译码命令。

(2) 输入输出变量

sys_info 使用系统信息全局变量_gl_sys_info 的成员(参见 7.2(5))，定义形式如下：

```
TYPE _gl_sys_info :
   STRUCT
      …
      decode_info:WORD;
      …
   END_STRUCT
END_TYPE
```

decode_info 指示数控程序预处理功能库的状态，发送给系统运行管理模块(例如 ST_WORKING_ON，指译码器处于运行状态)。

(3) 常数全局变量

```
NUMBER_OF_READ_PROG_BLOCK:WORD:=10;表示每个程序预处理任务周期读入数控程序段数目。
NUMBER_OF_WRITE_CONTROL_BLOCK:WORD:=4;表示每个程序预处理任务周期可以写到控制指
                                    令缓冲区的控制指令段数目，也就是数控程序
                                    语句译码的数目。
```

常数全局变量在 7.1 节中定义。

2. 程 序

以下是数控加工程序预处理调用模块 pre_process_call 的示例程序片段：

```
IF sys_operation.intpl_operation=CMD_START AND
      sys_info.decode_info=ST_NULL THEN
   (*-- new nc program/open --*)
   read_prog.prog_name:=cable_sys_operation.nc_prog_name;
   read_prog.read_segment:=NUMBER_OF_READ_PROG_BLOCK;
   module_pre_process(cable_read_prog:=read_prog, cable_control_fifo_info=>
         control_fifo_info,cable_prog_fifo_info=>prog_fifo_info);
   free_unit:=control_fifo_info.free_unit;
   sys_info.decode_info:=ST_WORKING_ON;
END_IF

IF sys_info.decode_info=ST_WORKING_ON THEN
   (*-- decode run --*)
```

```
        IF prog_fifo_info.free_unit>NUMBER_OF_READ_PROG_BLOCK AND
              control_fifo_info.free_unit>0 THEN
            read_prog.prog_name:='';
            read_prog.read_segment :=NUMBER_OF_READ_PROG_BLOCK; (*word*)
            module_pre_process(cable_read_prog:=read_prog, cable_control_fifo_info=>
                  control_fifo_info,cable_prog_fifo_info=>prog_fifo_info);
            free_unit:=control_fifo_info.free_unit;
        END_IF

        FOR i:=1 TO NUMBER_OF_WRITE_CONTROL_BLOCK-1 DO
            IF control_fifo_info.free_unit>0 THEN
                read_prog.prog_name:='';
                read_prog.read_segment :=0;
                module_pre_process(cable_read_prog:=read_prog,cable_control_fifo_info=>
                      control_fifo_info,cable_prog_fifo_info=>prog_fifo_info);
            END_IF
        END_FOR
END_IF
```

本例程序语句的功能如下。

① 如果系统运行管理模块发来程序运行启动命令：

```
sys_operation.intpl_operation=CMD_START
```

同时当前系统处于未启动状态：

```
sys_info.decode_info=ST_NULL
```

则设定当前运行数控程序名称：

```
read_prog.prog_name:=cable_sys_operation.nc_prog_name
```

② 然后调用一次数控程序预处理功能库：

```
module_pre_process(cable_read_prog:=read_prog, cable_control_fifo_info=>
    control_fifo_info,cable_prog_fifo_info=>prog_fifo_info);
```

数控程序预处理功能库根据数控程序名称 read_prog.prog_name 打开数控加工程序 nc_prog 文件，供后续程序段读入和译码处理使用；

③ 将程序预处理模块状态设置为已经运行：

```
sys_info.decode_info:=ST_WORKING_ON;
```

④ 如果数控程序预读缓冲区 FIFO 和控制指令缓冲区 FIFO 区有剩余空间，则读取数控加工程序，预读程序段数目由 NUMBER_OF_READ_PROG_BLOCK 控制；并完成一个数控加工程序段译码，写入控制指令缓冲区 FIFO：

```
IF prog_fifo_info.free_unit>NUMBER_OF_READ_PROG_BLOCK AND
    control_fifo_info.free_unit>0 THEN
```

使用"read_prog.prog_name:='';"(空程序名)表示读入数控加工程序时不必重新打开数控加工程序文件;

⑤ 如果控制指令缓冲区FIFO有剩余空间,设定"prog_read.segment:=0"表示不读入新的程序段,并且继续译码,数目由NUMBER_OF_WRITE_CONTROL_BLOCK确定。

```
FOR i:=1 TO NUMBER_OF_WRITE_CONTROL_BLOCK-1 DO
    …
END_FOR
```

6.5 运动和PLC控制

6.5.1 读控制指令缓冲区FIFO

图6.26是控制指令缓冲区FIFO读取的功能块read_control_block,它在运动和PLC控制任务task_motion_plc下运行(如图6.2所示),是运动和PLC控制任务执行的第一个功能块。它从控制指令缓冲区FIFO读入一个控制指令语句,该语句此前由数控加工预处理任务task_pre_process写入控制指令缓冲区FIFO。

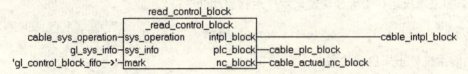

图6.26 控制指令缓冲区读取的功能块图

1. 输入/输出变量

控制指令缓冲区FIFO读取功能块read_control_block的输入/输出变量的数据结构定义如下:

```
FUNCTION_BLOCK _read_control_block
VAR_INPUT
    sys_operation:_cable_sys_operation;
    sys_info:_gl_sys_info;
    mark:STRING;
END_VAR
VAR_OUTPUT
    intpl_block:_cable_intpl_block;
    plc_block:_cable_plc_block;
    nc_block:_cable_actual_nc_block;
END_VAR
```

各部分变量的说明如下。

(1) 输入变量
- sys_operation：来自系统运行管理模块的系统操作命令，使用数据电缆 _cable_sys_operation 数据类型定义（参见 7.4.1(9)）；
- sys_info：来自系统运行信息的系统当前运行状态，使用系统信息全局变量 _gl_sys_info 定义（参见 7.2(5)）；
- mark：'gl_control_block_fifo→'表示从控制指令缓冲区 gl_control_block_fifo（参见 7.2(1)）读取控制指令。

(2) 输出变量
- intpl_block：插补指令段，读出的插补指令写入数据电缆 cable_intpl_block（参见 7.4.2(1)），供后续插补器组件使用；
- plc_block：PLC 指令段，读出的 PLC 指令写入数据电缆 cable_plc_block（参见 7.4.2(3)），供后续的 PLC 控制模块使用；
- nc_block：当前执行数控语句，使用数据电缆_cable_actual_nc_block 定义（参见 7.4.1(1)），供系统操作界面显示。

2. 程序示例

读控制指令缓冲区 FIFO 模块 read_control_fifo 的程序示例如下：

```
IF(sys_operation.intpl_operation=CMD_START OR
        sys_operation.intpl_operation=CMD_CONTINUE)  AND
    (sys_info.intpl_info=ST_NULL OR sys_info.intpl_info=ST_FINISH)THEN
    (*-- read control block from fifo and write output --*);
    (*-- 此处略去读FIFO程序细节 --*)
END_IF
```

本段程序的控制功能为：如果系统运行管理模块发来插补启动命令 CMD_START 或插补继续命令 CMD_CONTINUE（进给保持 FEEDHOLD 之后重新启动插补），同时插补器处于空闲状态（ST_NULL）或者插补完成状态（ST_FINISH），则从控制指令缓冲区 FIFO 读入一个新的插补程序段。本段示例程序略去读 FIFO 程序部分的内容。

6.5.2 插补器组件

插补器组件是一个使用功能块图语言编写的功能块（如图 6.27 所示），其内部包含使用功能块图语言编写的子功能块。如图 6.27(a)所示，插补器组件由 5 个子功能块组成：
- 插补运行管理（interpolator_manager）；
- 升降速控制（slop）；
- 直线插补器（line_interpolator）；
- 圆弧插补器（circle_interpolator）；
- 插补输出选择（intpl_output_select）。

图 6.27(b)是插补器组件的功能块图。它从数据电缆 cable_intpl_block 获得来自读控制指令缓冲区 FIFO 模块 read_control_block 的插补运动指令，插补位置输出连接数据电缆 cable_intpl_pos。

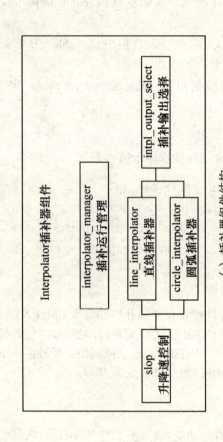
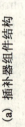
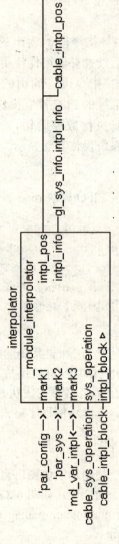

图 6.27 插补器组件

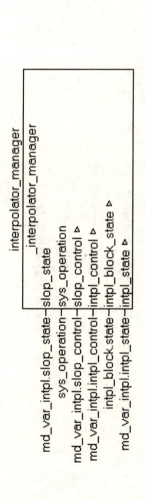
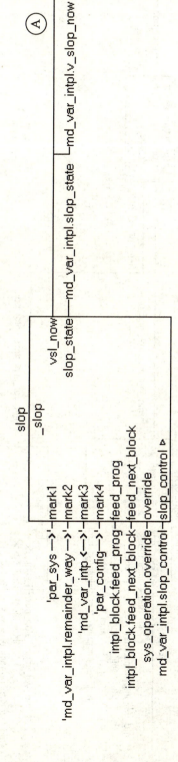

(c) 插补运行管理的功能块图

(d) 升降速控制的功能块图

图 6.27 插补器组件（续）

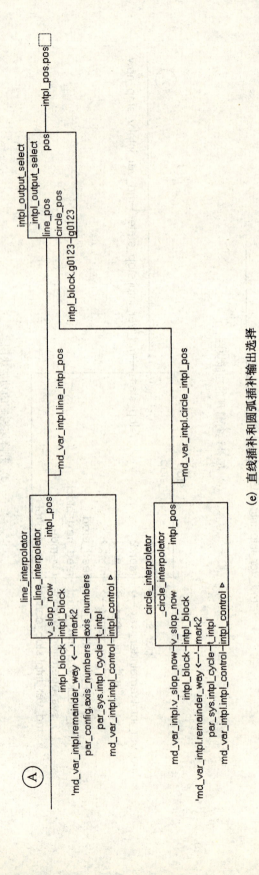

(e) 直线插补和圆弧插补输出选择

(f) 插补状态的输出返回

图 6.27 插补器组件（续）

1. 插补组件数据结构

示例程序中插补组件数据结构的定义如下：

```
FUNCTION_BLOCK _module_interpolator
VAR_IN_OUT
   intpl_block:_cable_intpl_block;
END_VAR
VAR_INPUT
   mark1:STRING;
   mark2:STRING;
   mark3:STRING;
   mark4:STRING;
   sys_operation:_cable_sys_operation;
END_VAR
VAR_OUTPUT
   intpl_pos:_cable_intpl_pos;
   intpl_info:WORD;
END_VAR
VAR
   line_interpolator:_line_interpolator;
   interpolator_manager:_interpolator_manager;
   slop:_slop;
   cable_sys_operation:_cable_sys_operation;
   intpl_output_select:_intpl_output_select;
   circle_interpolator:_circle_interpolator;
   g07_interpolator:_g07_interpolator;
   md_varintpl:_md_var_intpl;
END_VAR
```

各部分变量的说明如下。

(1) 输入变量

- mark1：使用系统配置参数 par_config（参见 7.3.1 节），例如：axis_numbers（设定控制轴数），path_acceleration（进给加速度）；
- mark2：使用系统参数 par_sys（参见 7.3.2 节），例如：intpl_cycle（插补周期）；
- mark3：使用插补器组件变量 md_var_intpl，它是插补组件的内部变量，供插补器组件内部的子功能块之间交换数据，使用系统全局变量定义。7.5.1 节介绍了组件变量的数据结构；
- sys_operation：连接系统操作命令 cable_sys_operation（参见 7.4.1(9)），例如，

a. intpl_operation，系统操作命令（插补暂停 CMD_FEEDHOLD、插补继续 CMD_CONTINUE）；

b. override，进给倍率。

(2) 输入输出变量

读控制指令缓冲区 FIFO 的插补程序段数据，由数据电缆 cable_intpl_block 定义（参见 7.4.2(1)）。cable_intpl_block 的主要变量都是插补器组件的输入变量，只有其中一个变量 state 是输入输出类型变量，用来记录插补线段的处理状态：ST_READY（准备就绪，由数控加工程序预处理功能块写）或 ST_WORKING_ON（正在插补，由插补器组件写）。

(3) 输出变量

- intpl_pos：插补位置输出，通过数据电缆 cable_intpl_pos 连接手动/插补输出选择模块。数据电缆 cable_intpl_pos 在 7.4.1(6) 中定义；
- intpl_info：通过系统信息变量 gl_sys_info（参见 7.2(5)）向系统运行管理提供插补器工作信息。

(4) 组件内部功能块和变量

- line_interpolator：_line_interpolator 嵌入直线插补模块；
- interpolator_manager：_interpolator_manager 嵌入插补管理模块；
- slop：_slop 嵌入升降速控制模块；
- intpl_output_select：_intpl_output_select 嵌入插补输出选择模块；
- circle_interpolator：_circle_interpolator 嵌入圆弧插补模块；
- g07_interpolator：_g07_interpolator 嵌入其他类型插补模块。

2. 插补运行管理

插补运行管理模块的任务是协调插补器组件内部子模块的工作，如图 6.28 所示。

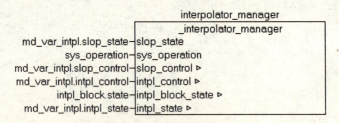

图 6.28 插补运行管理的功能块图

(1) 数据结构

插补管理模块数据结构定义如下：

```
FUNCTION_BLOCK _interpolator_manager
VAR_INPUT
    slop_state:WORD;
    sys_operation:_cable_sys_operation;
END_VAR
```

```
VAR_IN_OUT
    slop_control:WORD;
    intpl_control:WORD;
    intpl_block_state:WORD;
    intpl_state:WORD;
END_VAR
VAR
    sys_operation_state:WORD;
END_VAR
```

各部分变量说明如下。

① 输入变量

- slop_state：指示插补升降速状态；
- sys_operation：系统操作命令，例如，进给保持（CMD_FEEDHOLD）和继续（CMD_CONTINUE）等。

② 输入输出变量

- slop_control：升降速命令，例如，CMD_INIT（初始化）；
- intpl_control：插补命令，例如，CMD_PREPARE（插补准备）；
- intpl_block_state：插补指令线段的状态，例如，ST_READY（就绪）和 ST_NULL（空闲）；
- intpl_state：插补状态，例如，ST_WORKING_ON（插补器运行）。

③ 内部变量

- sys_operation_state：系统操作命令执行标志，接到系统操作命令后，设置此变量标志，避免重复执行系统操作命令。

(2) 示例程序

插补管理模块的示例程序片段如下：

```
IF intpl_block_state=ST_READY AND intpl_control=ST_NULL THEN
    (*-- init slop control --*)
    slop_control:=CMD_INIT;
    intpl_control:=CMD_PREPARE;
    intpl_state:=ST_WORKING_ON;
    intpl_block_state:=ST_NULL;
END_IF
IF intpl_control=ST_FINISH THEN
    intpl_state:=ST_FINISH;
    intpl_control:=ST_NULL;
END_IF
IF intpl_control=ST_WORKING_ON AND
        sys_operation.intpl_operation=CMD_FEEDHOLD AND sys_operation_state
        <>CMD_FEEDHOLD THEN
```

```
    (*-- start feedhold --*)
    slop_control:=CMD_FEEDHOLD;
    sys_operation_state:=CMD_FEEDHOLD ;
END_IF
IF slop_state=ST_FEEDHOLD THEN
    intpl_control:=CMD_FEEDHOLD;
    gl_sys_info.intpl_info:=ST_FEEDHOLD;
    sys_operation_state:=ST_NULL;
END_IF
IF slop_state=ST_FEEDHOLD AND sys_operation.intpl_operation=CMD_CONTINUE
        AND sys_operation_state<>CMD_CONTINUE THEN
    (*-- return from feedhold and continue interpolation --*)
    slop_control:=CMD_INIT;
    intpl_control:=CMD_WORKING_ON;
    sys_operation_state:=CMD_CONTINUE;
END_IF
```

插补运行管理功能块程序语句的功能如下。

(1) 启动插补

```
IF intpl_block_state=ST_READY AND intpl_control=ST_NULL THEN
```

读入译码器的 intpl_block.state=ST_READY，表示有新插补线段达到，intpl_control=ST_NULL 表示当前插补器空闲，启动插补。

向升降速控制功能块 slop 发出启动升降速命令：

```
slop_control:=CMD_INIT;
```

向插补模块发出插补准备命令：

```
intpl_control:=CMD_PREPARE;
```

对外指示插补器已经开始工作：

```
intpl_state:=ST_WORKING_ON;
```

对外指示插补线段已经被处理：

```
intpl_block_state:=ST_NULL;
```

此后 slop 模块和插补模块开始工作，执行直线或圆弧插补。

(2) 终点到达

```
IF intpl_control=ST_FINISH THEN
```

达到插补线段终点时，插补模块的返回状态：intpl_control=ST_FINISH，插补运行管理对外发出状态指示：

```
intpl_state:=ST_FINISH;
intpl_control:=ST_NULL;
```

(3) 进给保持

插补器运行期间，插补运行管理模块如果接收到系统运行管理模块发出的进给保持命令：

```
IF intpl_control=ST_WORKING_ON AND
        sys_operation.intpl_operation=CMD_FEEDHOLD AND sys_operation_state
        <>CMD_FEEDHOLD THEN
```

则启动升降速模块 slop 进给保持动作：

```
slop_control:=CMD_FEEDHOLD;
```

标示操作命令已经被执行：

```
sys_operation_state:=CMD_FEEDHOLD;
```

(4) 进给继续

当插补器处于进给保持状态时，系统发来继续插补命令：

```
IF slop_state=ST_FEEDHOLD AND sys_operation.intpl_operation=CMD_CONTINUE
        AND sys_operation_state<>CMD_CONTINUE THEN
```

重新启动 slop 和插补器：

```
slop_control:=CMD_INIT;
intpl_control:=CMD_WORKING_ON;
```

标示操作命令已经被执行：

```
sys_operation_state:=CMD_CONTINUE;
```

3. 升降速处理

为了使机床运动平稳并避免伺服装置和电机过载，在机床启动、停止和运动速度变化时需要控制运动的升降速，使运动速度平滑过渡。升降速处理模块的任务是根据设定的运动加速度参数和数控加工程序，为插补器提供插补速度值。图 6.29 所示为几种典型的升降速控制情况：

(1) 单程序段启停

图 6.29(a) 是单程序段启停的升降速情况。在 T_s 时刻启动插补运算，经过加速段，在 T_s' 处达到数控加工程序给定的进给速度 V_{prog}。在 T_e' 处开始减速，在 T_e 处达到程序终点。

(2) 程序段衔接

图 6.29(b) 是一个 3 段程序衔接的升降速情况。在前段程序插补速度为 V_{prog}'，在程序终点前 T_e' 处，开始加速。在本段程序起点处 T_s 达到本段程序进给速度 V_{prog}。在本段程序终点前 T_e'' 处，开始加速，在本段程序终点 T_e 处达到下一段程序的插补度 V_{prog}''。

(3) 其 他

图 6.29(c) 是机床操作面板进给倍率操作时的升降速情况。图 6.29(d) 是暂停 (CMD_FEEDHOLD) 和继续 (CMD_CONTINUE) 操作时的升降速情况。

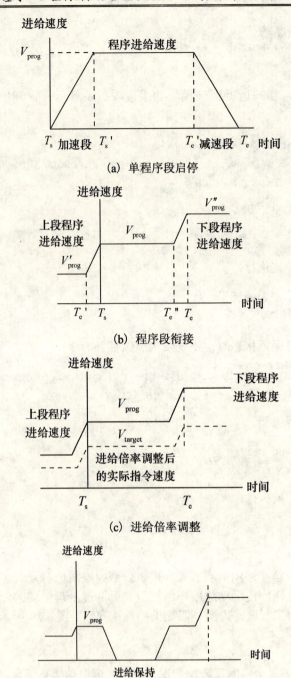

图 6.29 升降速工作原理

图 6.30 是升降速处理模块的功能块图。

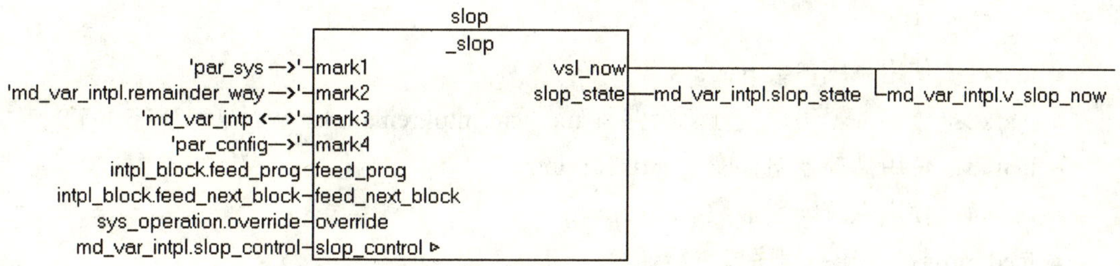

```
                              slop
                             _slop
       'par_sys —>'—|mark1              vsl_now|————————————————————————————————
'md_var_intpl.remainder_way —>'—|mark2   slop_state|——md_var_intpl.slop_state   └—md_var_intpl.v_slop_now
       'md_var_intp <—>'—|mark3
        'par_config—>'—|mark4
     intpl_block.feed_prog—|feed_prog
intpl_block.feed_next_block—|feed_next_block
    sys_operation.override—|override
md_var_intpl.slop_control—|slop_control ▷
```

图 6.30　升降速处理模块的功能块图

（1）数据结构

升降速处理模块数据结构的定义如下：

```
FUNCTION_BLOCK _slop
VAR_INPUT
    mark1:STRING;
    mark2:STRING;
    mark3:STRING;
    mark4:STRING
    feed_prog:REAL;
    feed_next_block:REAL;
    override:WORD;
END_VAR
VAR_OUTPUT
    vsl_now:REAL;
    slop_state:WORD;
END_VAR
VAR_IN_OUT
    slop_control:WORD;
END_VAR
VAR
    vsl_target:REAL;
    vsl_start:REAL;
    vsl_end:REAL;
    vsl_incr:REAL;
    brake_way:REAL;
END_VAR
```

各部分变量说明如下。

① 输入变量
- mark1：使用系统参数 par_sys；
- mark2：读插补器组件变量剩余路程 md_var_intpl.remainder_way（参见 7.5.1 节）；
- mark3：使用插补器组件变量 md_var_intpl；
- mark4：使用系统配置参数 par_config；
- feed_prog：本插补程序段进给速度；
- feed_next_block：后续程序段进给速度；
- override：进给倍率。

② 输出变量
- vsl_now：当前插补进给速度；
- slop_state：升降速处理状态。

③ 输入输出变量
- slop_control：升降速控制指令。

④ 内部变量
- vsl_target：目标速度；
- vsl_start：起始速度；
- vsl_end：终点速度；
- vsl_incr：每个插补周期的速度增量；
- brake_way：减速路程。

(2) 示例程序片段

升降速处理模块的示例程序片段如下：

```
IF slop_control=CMD_INIT THEN
    (*-- init --*)
    md_var_intpl.v_prog:=feed_prog*DIV_60*override;
    md_var_intpl.v_end:=feed_next_block*DIV_60*override;
    vsl_incr:=par_config.path_acceleration*par_sys.intpl_cycle;
    vsl_now:=md_var_intpl.v_now*override;
    md_var_intpl.v_now:=md_var_intpl.v_prog;
    slop_control:=CMD_WORKING_ON;
END_IF
IF slop_control=CMD_WORKING_ON THEN
    (*-- calculate brake way --*)
    slop_state:=ST_WORKING_ON;
    brake_way:=EXPT(vsl_now-md_var_intpl.v_end*override,2)/
              (2*par_config.path_acceleration);
```

```
        IF md_var_intpl.remainder_way < brake_way THEN
            (*-- brake before end point --*)
            vsl_target:=md_var_intpl.v_end*override;
        ELSE
            vsl_target:=md_var_intpl.v_prog*override;
        END_IF
        IF vsl_now<vsl_target THEN
            (*-- acceleration --*)
            vsl_now:=vsl_now+vsl_incr;
        ELSIF vsl_now>vsl_target THEN
            (*-- deceleration --*)
            vsl_now:=vsl_now-vsl_incr;
        END_IF
END_IF
IF slop_control=CMD_FEEDHOLD THEN
    (*-- feedhold --*)
    vsl_now:=vsl_now-vsl_incr;
    IF vsl_now<=0.0 THEN
        vsl_now:=0.0;
        slop_state:=ST_FEEDHOLD;
    END_IF
END_IF
```

本例升降速功能模块程序执行以下控制运算：

(1) 启动初始化升降速 slop

升降速处理模块接到插补管理器的启动命令：

```
IF slop_control=CMD_INIT THEN
```

读入编程进给速度：

```
md_var_intpl.v_prog:=feed_prog*DIV_60*override;
```

其中，DIV_60 是系统分/秒时间转换常数 1/60，是系统常数全局变量(参见 7.1 节)。
设定终点速度：

```
md_var_intpl.v_end:=feed_next_block*DIV_60*override;
```

设定起始(当前)速度：

```
vsl_now:=md_var_intpl.v_now*override;
```

计算每个插补周期的速度增量：

```
vsl_incr:=par_config.path_acceleration*par_sys.intpl_cycle;
```

其中，par_config.path_acceleration 为运动加速度，par_sys.intpl_cycle 为插补周期。

为下个插补线段准备起始速度：

```
md_var_intpl.v_now:=md_var_intpl.v_prog;
```

转入升降速处理运行状态：

```
slop_control:=CMD_WORKING_ON;
```

(2) 升降速处理运行状态

```
IF slop_control=CMD_WORKING_ON THEN
```

根据运动加速度 par_config.path_acceleration、终点速度 md_var_intpl.v_end、进给倍率 override、当前进给速度 vsl_now，计算减速路程 break_way：

$$break\_way = \frac{\left[(md\_var\_intpl.v\_end - vsl\_now) \times override\right]^2}{2 \times par\_config.path\_acceleration} \quad (6-11)$$

根据插补器模块发来的剩余路程 md_var_intpl.remainder，判断是否进入减速阶段，并设置目标速度：

```
IF md_var_intpl.remainder_way < brake_way THEN
```

如果进入减速阶段，设置程序终点速度为目标速度：

```
  vsl_target:=md_var_intpl.v_end*override;
ELSE
```

如果未进入减速阶段，设置编程速度为目标速度：

```
vsl_target:=md_var_intpl.v_prog*override;
```

如果当前速度小于目标速度则加速：

```
IF vsl_now<vsl_target THEN
    vsl_now:=vsl_now+vsl_incr;
```

如果当前速度大于目标速度则减速：

```
ELSIF vsl_now>vsl_target THEN
    vsl_now:=vsl_now-vsl_incr;
```

(3) 暂停(进给保持)

如果接到系统运行控制模块发出的暂停插补(进给保持)命令：

```
IF slop_control=CMD_FEEDHOLD THEN
```

开始减速：

```
vsl_now:=vsl_now-vsl_incr;
```

如果速度减到 0：

```
IF vsl_now<=0.0 THEN
    vsl_now:=0.0;
```

发出进给保持完成状态指示：

```
slop_state:=ST_FEEDHOLD;
```

4．直线插补器

（1）3 坐标直线插补器

直线插补器根据直线起点位置、终点位置和编程进给速度在每个插补周期计算位置增量，控制机床进给轴运动。在图 6.31 中，$P_{\text{start}}(X_{\text{start}}, Y_{\text{start}}, Z_{\text{start}})$ 为插补起点坐标，$P_{\text{end}}(X_{\text{end}}, Y_{\text{end}}, Z_{\text{end}})$ 为插补终点坐标。V_{prog} 为编程进给速度。有多种直线插补实现方法，作为示例，本文介绍一种直接计算方法，适用于具有硬件浮点计算功能的控制计算机。可以将插补计算分成 3 个部分：插补准备、插补计算、终点判别和处理。

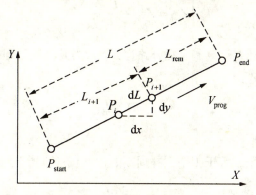

图 6.31　直线插补原理

① 插补准备

插补准备计算为插补器运行准备必要的固定参数，包括各个进给轴的运动距离：

$$\begin{cases} \Delta X = X_{\text{end}} - X_{\text{start}} \\ \Delta Y = Y_{\text{end}} - Y_{\text{start}} \\ \Delta Z = Z_{\text{end}} - Z_{\text{start}} \end{cases} \tag{6-12}$$

插补线段长度：

$$L = \sqrt{\Delta X^2 + \Delta Y^2 + \Delta Z^2} \tag{6-13}$$

② 插补计算

在每个插补周期，计算插补器的位置输出，包括每个插补周期下的进给增量：

$$dL = V_{prog} \times T_{intpl} \qquad (6\text{-}14)$$

其中，T_{intpl} 为插补周期。

考虑到升降速和进给倍率功能，应该使用经过升降速处理和进给倍率处理后的实际进给速度 V_{slop} 来计算进给增量 dL：

$$dL = V_{slop} \times T_{intpl} \qquad (6\text{-}15)$$

$$V_{slop} = slop(V_{prog} \times K_{ov}) \qquad (6\text{-}16)$$

其中 K_{ov} 为进给倍率。

然后由进给增量 dL 计算出新的插补坐标位置：

$$L_{i+1} = L_i + dL \qquad (6\text{-}17)$$

$$\begin{cases} X_{i+1} = X_{start} + \dfrac{L_{i+1} \times \Delta X}{L} \\ Y_{i+1} = Y_{start} + \dfrac{L_{i+1} \times \Delta Y}{L} \\ Z_{i+1} = Z_{start} + \dfrac{L_{i+1} \times \Delta Z}{L} \end{cases} \qquad (6\text{-}18)$$

在插补计算同时，还要计算剩余插补路程 L_{rem}，为升降速处理模块 slop 提供剩余插补路程信息，来计算降速点：

$$L_{rem} = L - L_{i+1} \qquad (6\text{-}19)$$

③ 终点判别和处理

当剩余插补路程小于或等于 1 个插补周期的插补（进给）增量时：

$$L_{rem} \leq dL \qquad (6\text{-}20)$$

表示已经达到插补终点，输出终点坐标：

$$\begin{cases} X_{i+1} = X_{end} \\ Y_{i+1} = Y_{end} \\ Z_{i+1} = Z_{end} \end{cases} \qquad (6\text{-}21)$$

结束插补。

(2) 机床运动轴 5 坐标插补

图 6.32 表示了 3 种典型 5 坐标数控机床结构布局。机床运动轴 5 坐标插补时，直线插补器完成各个坐标轴的等分插补，所有坐标轴同时达到直线终点，刀尖运动轨迹由各坐标轴的运动合成，如图 6.33 所示。

第6章 数控系统软件设计

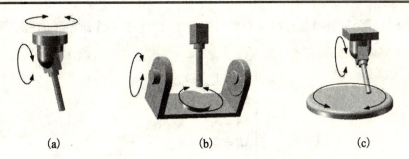

图 6.32　3 种典型 5 坐标数控机床结构布局

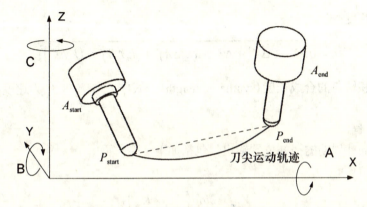

图 6.33　5 坐标机床进给轴等分插补运动

采用机床坐标轴等分插补不能保证刀尖沿直线运动,以及运动过程中刀具的位置和姿态。为了实现刀具中心沿直线的运动和姿态的控制,使用此类机床时,通常由数控编程系统的后置处理程序根据加工精度要求和确定的刀具长度将长直线运动分解成密集的小程序段 $\overline{P_{start\_j}P_{end\_j}}$。用小线段 X、Y、Z 和 A、B、C 转角离散定义直线和姿态。数控系统的插补器完成 5 坐标小线段插补,实现运动控制(如图 6.34 所示)。数控编程系统提供的数控加工程序只能适用于一种固定的刀具长度,不允许再在机床加工现场进行改变,不便于使用。

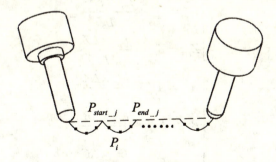

图 6.34　5 坐标小直线段插补运动

为了适应多种结构数控机床控制,多坐标插补器通常按 6 坐标设计:X、Y、Z、A、B、C,实际使用中根据机床结构选用 A、B、C 转角中的任意 2 个。它的插补计算也分为如下 3 部分。

① 插补准备

插补准备计算为插补器运行准备必要的固定参数,包括各个进给轴的运动距离:

$$\begin{cases} \Delta X = X_{\text{end}} - X_{\text{start}} \\ \Delta Y = Y_{\text{end}} - Y_{\text{start}} \\ \Delta Z = Z_{\text{end}} - Z_{\text{start}} \\ \Delta A = A_{\text{end}} - A_{\text{start}} \\ \Delta B = B_{\text{end}} - B_{\text{start}} \\ \Delta C = C_{\text{end}} - C_{\text{start}} \end{cases} \tag{6-22}$$

插补线段长度:

$$L = \sqrt{\Delta X^2 + \Delta Y^2 + \Delta Z^2 + (k_a \Delta A)^2 + (k_b \Delta B)^2 + (k_c \Delta C)^2} \tag{6-23}$$

它是直线和转角的合成长度(synthetic length),式中 k_a,k_b,k_c 为速度匹配系数,由系统参数设定。

② 插补计算

计算每个插补周期的插补位置输出,包括如下 2 个方面。

插补进给增量:

$$V_{\text{slop}} = slop(V_{\text{prog}} \times K_{\text{ov}}) \tag{6-24}$$

$$\mathrm{d}L = V_{\text{slop}} \times T_{\text{intpl}} \tag{6-25}$$

$$L_{i+1} = L_i + \mathrm{d}L \tag{6-26}$$

插补坐标位置:

$$\begin{cases} X_{i+1} = X_{\text{start}} + \dfrac{L_{i+1} \times \Delta X}{L} \\ Y_{i+1} = Y_{\text{start}} + \dfrac{L_{i+1} \times \Delta Y}{L} \\ Z_{i+1} = Z_{\text{start}} + \dfrac{L_{i+1} \times \Delta Z}{L} \\ A_{i+1} = A_{\text{start}} + \dfrac{L_{i+1} \times \Delta A}{L} \\ B_{i+1} = B_{\text{start}} + \dfrac{L_{i+1} \times \Delta B}{L} \\ C_{i+1} = C_{\text{start}} + \dfrac{L_{i+1} \times \Delta C}{L} \end{cases} \tag{6-27}$$

在插补计算同时,还要计算剩余插补路程 L_{rem},为升降速处理模块 slop 提供剩余插补路程信息:

$$L_{\text{rem}} = L - L_i \tag{6-28}$$

③ 终点判别和处理

当剩余插补路程小于或等于 1 个插补周期的插补（进给）增量时：

$$L_{\text{rem}} \leqslant \mathrm{d}L \tag{6-29}$$

表示已经达到插补终点，输出终点坐标：

$$\begin{cases} X_{i+1} = X_{\text{end}} \\ Y_{i+1} = Y_{\text{end}} \\ Z_{i+1} = Z_{\text{end}} \\ A_{i+1} = A_{\text{end}} \\ B_{i+1} = B_{\text{end}} \\ C_{i+1} = C_{\text{end}} \end{cases} \tag{6-30}$$

结束插补。

(3) 控制刀具姿态的 5 坐标插补

高性能数控机床具有刀位和刀具姿态控制功能，在直线的起点和终点处给出了刀位和姿态，用欧拉角表示。图 6.35 为欧拉角的定义。欧拉角可以描述刚体在三维空间的姿态。对于任何一个参考系，一个刚体的姿态是依照顺序从该参考系做三个欧拉角的旋转而设定的。欧拉角对夹角的顺序和标记并没有规定，一般采用 Z-X-Z 顺序的欧拉角定义（如图 6.35 所示）：

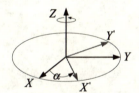

(a) 绕 Z 轴旋转 α 从工件坐标系 X—Y—Z 到坐标系 1 X'—Y'—Z'

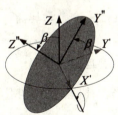

(b) 绕 X'轴旋转 β 从坐标系 1 X'—Y'—Z'到坐标系 2 X"—Y"—Z"

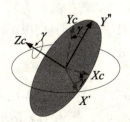

(c) 绕 Z"轴旋转 γ 从坐标系 2 到特征坐标系 X_c—Y_c—Z_c

图 6.35 欧拉角的定义

- α 是绕 Z 轴旋转，X 轴与 X' 轴的夹角；
- β 是绕 X' 轴旋转，Z' 轴与 Z'' 轴的夹角；
- γ 是绕 Z'' 轴旋转，X'' 轴与 X_c 轴的夹角。

图 6.36 是用欧拉角定义的铣刀姿态示例，Z'' 为铣刀轴线。

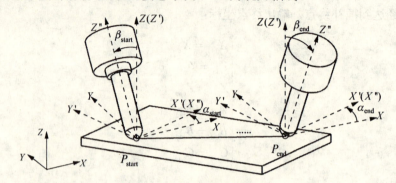

图 6.36　刀具位置和姿态

图 6.37 是用欧拉角控制的 5 坐标刀位和姿态的插补示例，插补器完成刀具中心沿直线的运动和刀具姿态的运动计算，每个插补周期下输出刀尖位置和姿态坐标值 $P_i(X_i, Y_i, Z_i, \alpha_i, \beta_i)$。允许在数控系统设置和修改刀具长度。

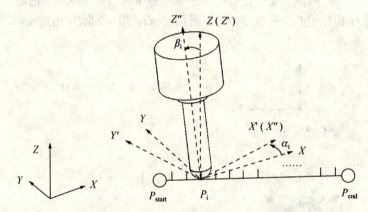

图 6.37　5 坐标刀位和姿态的插补运动

此外，采用刀具姿态控制，还可以实现空间刀具半径补偿、长度补偿、倾斜面、倾斜面轮廓和孔加工，如图 6.38 和图 6.39 所示。

插补器计算出刀具相对工件的位置和姿态 X、Y、Z、α、β、γ，需要经过后续的坐标变换功能模块将刀具相对工件的位置和姿态转换成机床部件的运动 X_{ax}、Y_{ax}、Z_{ax}、A、B、C。插补器按 6 坐标运动设计，根据机床结构布局，实际插补使用 α、β、γ 转角中的任意 2 个。控制刀具姿态的 5 坐标插补的计算分为如下 3 部分。

① 插补准备

5 坐标插补线段定义如下：起点 $P_{\text{start}}(X_{\text{start}}, Y_{\text{start}}, Z_{\text{start}}, \alpha_{\text{start}}, \beta_{\text{start}}, \gamma_{\text{start}})$，终点 $P_{\text{end}}(X_{\text{end}}, Y_{\text{end}}, Z_{\text{end}}, \alpha_{\text{end}}, \beta_{\text{end}}, \gamma_{\text{end}})$。

插补准备计算为插补器运行准备必要的固定参数，包括各个坐标轴的运动距离：

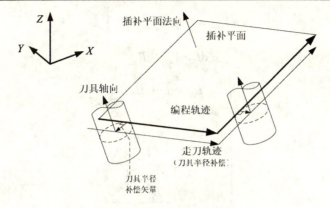

图 6.38 空间刀具半径补偿

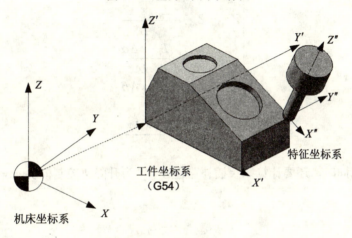

图 6.39 倾斜面加工

$$\begin{cases} \Delta X = X_{end} - X_{start} \\ \Delta Y = Y_{end} - Y_{start} \\ \Delta Z = Z_{end} - Z_{start} \\ \Delta \alpha = \alpha_{end} - \alpha_{start} \\ \Delta \beta = \beta_{end} - \beta_{start} \\ \Delta \gamma = \gamma_{end} - \gamma_{start} \end{cases} \tag{6-31}$$

插补线段长度：

$$L = \sqrt{\Delta X^2 + \Delta Y^2 + \Delta Z^2 + (k_a \Delta \alpha)^2 + (k_b \Delta \beta)^2 + (k_c \Delta \gamma)^2} \tag{6-32}$$

它是直线和转角的合成长度(synthetic length)，式中 k_a、k_b、k_c 为速度匹配系数，由系统参数设定。

② 插补计算

计算每个插补周期下的插补位置输出，包括如下 2 个方面。

插补进给增量：

$$V_{\text{slop}} = slop\left(V_{\text{prog}} \times K_{\text{ov}}\right) \tag{6-33}$$

$$dL = V_{\text{slop}} \times T_{\text{intpl}} \tag{6-34}$$

$$L_{i+1} = L_i + dL \tag{6-35}$$

位置和姿态：

$$\begin{cases} X_{i+1} = X_{\text{start}} + \dfrac{L_{i+1} \times \Delta X}{L} \\ Y_{i+1} = Y_{\text{start}} + \dfrac{L_{i+1} \times \Delta Y}{L} \\ Z_{i+1} = Z_{\text{start}} + \dfrac{L_{i+1} \times \Delta Z}{L} \\ \alpha_{i+1} = \alpha_{\text{start}} + \dfrac{L_{i+1} \times \Delta \alpha}{L} \\ \beta_{i+1} = \beta_{\text{start}} + \dfrac{L_{i+1} \times \Delta \beta}{L} \\ \gamma_{i+1} = \gamma_{\text{start}} + \dfrac{L_{i+1} \times \Delta \gamma}{L} \end{cases} \tag{6-36}$$

在插补计算同时，还要计算剩余插补路程 L_{rem}，为升降速控制模块 slop 提供剩余插补路程信息：

$$L_{\text{rem}} = L - L_i \tag{6-37}$$

③ 终点判别和处理：

当剩余插补路程小于或等于 1 个插补周期的插补（进给）增量时：

$$L_{\text{rem}} \leqslant dL \tag{6-38}$$

表示已经达到插补终点，输出终点坐标：

$$\begin{cases} X_{i+1} = X_{\text{end}} \\ Y_{i+1} = Y_{\text{end}} \\ Z_{i+1} = Z_{\text{end}} \\ \alpha_{i+1} = \alpha_{\text{end}} \\ \beta_{i+1} = \beta_{\text{end}} \\ \gamma_{i+1} = \gamma_{\text{end}} \end{cases} \tag{6-39}$$

结束插补。

(4) 直线插补器程序示例

直线插补器是插补器组件 _module_interpolator 的组成部分。图 6.40 是直线插补器 line_interpolator 的功能块图。

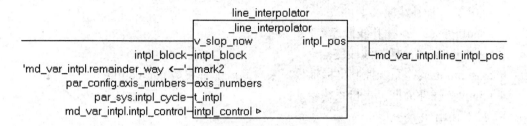

图 6.40　直线插补器的功能块图

① 输入、输出、内部变量

直线插补器的输入、输出、输入输出和内部变量的定义如下：

```
FUNCTION_BLOCK _line_interpolator
VAR_INPUT
    v_slop_now:REAL;
    intpl_block:_cable_intpl_block;
    mark_2:STRING;
    axis_numbers:WORD;
    t_intpl:REAL;
END_VAR
VAR_OUTPUT
    intpl_pos:ARRAY[1..MAX_AXIS] OF LREAL;
END_VAR
VAR_IN_OUT
    intpl_control:WORD;
END_VAR
VAR
    p_end:ARRAY[1..MAX_AXIS] OF LREAL;
    p_start:ARRAY[1..MAX_AXIS] OF LREAL;
    p_len:ARRAY[1..MAX_AXIS] OF LREAL;
    L: LREAL;
    Li: LREAL;
    dL: LREAL;
    i:WORD;
END_VAR
```

各部分变量的说明如下。

a. 输入变量

- v_slop_now：当前进给速度，来自 slop 模块（如图 6.27 所示的(d)和(e)）；
- intpl_block：插补线段数据，来自 read_control_block 模块的输出 cable_intpl_block（如图 6.27(b)所示），其数据结构在 7.4.2(1)定义，其中直线插补器所使用的元素为：

- g0123：插补线段类型；
- start_position：插补线段起点；
- end_position：插补线段终点。
- axis_numbers：系统控制坐标轴数，来自系统配置参数 par_config；
- t_intpl：插补周期，来自系统参数。

b. 输入输出变量：
- intpl_control：接收插补运行管理 interpolator_manager 的插补控制命令和应答 md_var_intpl.intpl_control，以及指示插补器状态（如图 6.28 所示）。

c. 输出变量
- intpl_pos：插补点位置输出，连接组件变量 md_var_intpl.line_intpl_pos，组件变量数据结构 md_var_intpl 在 7.5.1 节中定义。

d. 内部变量
- p_end，p_start，p_len：中间计算变量；
- L，Li，dL：对应公式(6-32)、(6-35)和(6-34)；
- i：数组和循环控制变量。

② 示例程序

直线插补器示例程序片段如下：

```
IF  intpl_block.g0123 <>1 THEN RETURN;
END_IF
IF intpl_control=CMD_PREPARE THEN
    p_start:=intpl_block.start_position;
    p_end:=intpl_block.end_position;
    FOR i:=1 TO axis_numbers BY 1 DO
        p_len[i]:=p_end[i]-p_start[i];
    END_FOR
    L:=0;
    FOR i:=1 TO axis_numbers BY 1 DO
        L:=L+EXPT(p_len[i],2);
    END_FOR
    L:=SQRT(L);
    Li:=0.0;
    intpl_control:=ST_WORKING_ON;
END_IF
IF intpl_control=ST_WORKING_ON THEN
    dL:=v_slop_now*t_intpl;
    Li:=Li+dL;
    md_var_intpl.remainder_way:=L-Li;
    IF md_var_intpl.remainder_way<=dL THEN
        (*-- last step --*)
        intpl_pos:=p_end;
```

```
            intpl_control:=ST_FINISH;
    ELSE
    FOR i:=1 TO axis_numbers BY 1 DO
        (*-- interpolation --*)
        intpl_pos[i]:=p_start[i]+(Li*p_len[i])/L;
    END_FOR
    END_IF
END_IF
```

本例插补程序主要有如下 3 个功能。

a. 插补类型识别

```
IF intpl_block.g0123 <>1 THEN RETURN;
```

识别插补线段类型是否为直线(G01)，如果不是直线，则退出直线插补模块。

b. 插补准备计算

```
IF intpl_control=CMD_PREPARE THEN
```

接到插补启动指令，开始插补准备计算(公式(6-31)和公式(6-32))，完成后转入插补状态：

```
intpl_control:=ST_WORKING_ON;
```

插补轴数由 axis_numbers 参数确定。为了简化本示例程序，省略了直线和转角合成长度(synthetic length)计算公式(6-40)中的速度匹配系数 k_a，k_b，k_c：

$$L = \sqrt{\Delta X^2 + \Delta Y^2 + \Delta Z^2 + (k_a\Delta A)^2 + (k_b\Delta B)^2 + (k_c\Delta C)^2} \tag{6-40}$$

在实际的系统中，它们保存在系统参数 par_config 中，在插补准备阶段加入到 L 的计算公式中。

c. 插补计算

```
IF intpl_control=ST_WORKING_ON THEN
```

进入插补计算，计算下一插补点位置：

```
dL:=v_slop_now*t_intpl;
Li:=Li+dL;
```

计算剩余路程：

```
md_var_intpl.remainder_way:=L-Li;
```

如果剩余路程小于插补增量，则达到终点，插补点位置为直线终点，向插补管理器发出插补完成指示：

```
IF md_var_intpl.remainder_way<=dL THEN
```

```
    intpl_pos:=p_end;
    intpl_control:=ST_FINISH;
```

intpl_pos:=p_end 使用了 IEC 61131-3 编程标准中数组元素的直接赋值功能,将数组变量 p_end 的所有元素复制到数组变量 intpl_pos。

否则继续插补计算:

```
ELSE
    FOR i:=1 TO axis_numbers BY 1 DO
        (*-- interpolation --*)
        intpl_pos[i]:=p_start[i]+(Li*p_len[i])/L;
    END_FOR
```

5. 圆弧插补器

(1) 工作原理

圆弧插补器根据圆弧的起点位置、终点位置、圆心位置和编程进给速度在每个插补周期下计算位置增量,控制机床运动。有多种圆弧插补实现方法,作为示例,本文介绍一种直接计算方法,适用于具有硬件浮点计算功能的控制计算机。

插补器可以插补 X-Y、Y-Z、Z-X 平面上的圆弧段。图 6.41 为 X-Y 平面上的一个圆弧段。插补圆弧段由起点坐标 $P_{start}(X_{start}, Y_{start})$、终点坐标 $P_{end}(X_{end}, Y_{end})$ 和圆心坐标 $P_c(X_c, Y_c)$ 定义。可以将圆弧插补计算分成 3 个部分:插补准备、插补计算、终点判别。

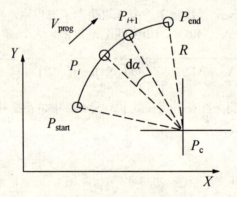

图 6.41 圆弧插补

① 插补准备

插补准备计算为插补器运行准备必要的固定参数,包括计算圆弧半径、起点处角度、终点处角度、插补角的初始化。

计算圆弧半径:

$$R = \sqrt{(X_{end} - X_c)^2 + (Y_{end} - Y_c)^2} \tag{6-41}$$

计算起点处角度:

$$\alpha_{\text{start}} = \arcsin\left(\frac{Y_{\text{start}} - Y_{\text{c}}}{R}\right) \tag{6-42}$$

计算终点处角度:

$$\alpha_{\text{end}} = \arcsin\left(\frac{Y_{\text{end}} - Y_{\text{c}}}{R}\right) \tag{6-43}$$

插补角的初始化:

$$\alpha_i = \alpha_{\text{start}} \tag{6-44}$$

② 插补计算

每个插补周期计算圆弧插补运动的角度增量:

$$\mathrm{d}\alpha = \frac{V_{\text{prog}}}{R} \times T_{\text{intpl}} \tag{6-45}$$

实际使用时经过升降速处理和进给倍率处理后的进给速度计算:

$$\mathrm{d}\alpha = \frac{V_{\text{slop}}}{R} \times T_{\text{intpl}} \tag{6-46}$$

$$V_{\text{slop}} = slop\left(V_{\text{prog}} \times K_{\text{ov}}\right) \tag{6-47}$$

其中,K_{ov} 为进给倍率。

计算新的插补输出角度和位置:

$$\alpha_{i+1} = \alpha_i + \mathrm{d}\alpha \tag{6-48}$$

$$X_{i+1} = X_{\text{c}} + R \times \cos\left(\alpha_{i+1}\right) \tag{6-49}$$

$$Y_{i+1} = Y_{\text{c}} + R \times \sin\left(\alpha_{i+1}\right) \tag{6-50}$$

计算剩余路程(角度),为升降速处理模块 slop 提供剩余路程信息:

$$\alpha_{\text{rem}} = \alpha_{\text{end}} - \alpha_i \tag{6-51}$$

$$L_{\text{rem}} = R \times \alpha_{\text{rem}} \tag{6-52}$$

③ 终点判别

当剩余路程(角度) α_{rem} 小于或等于 $\mathrm{d}\alpha$ 时:

输出终点坐标:

$$X_{i+1} = X_{\text{end}} \tag{6-53}$$

$$Y_{i+1} = Y_{\text{end}} \tag{6-54}$$

插补结束。

(2) 圆弧插补器程序示例

圆弧插补器是插补器组件_module_interpolator 的组成部分。图 6.42 是圆弧插补器 circle_interpolator 的功能块图。

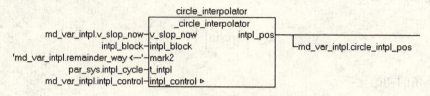

图 6.42 圆弧插补器的功能块图

① 输入、输出、内部变量

圆弧插补器的输入、输出、输入输出和内部变量的定义如下:

```
FUNCTION_BLOCK _circle_interpolator
VAR_INPUT
    v_slop_now:REAL;
    intpl_block:_cable_intpl_block;
    mark2:STRING;
    axis_numbers:WORD;
    t_intpl:REAL;
END_VAR
VAR_OUTPUT
    intpl_pos:ARRAY[1..MAX_AXIS] OF LREAL;
END_VAR
VAR_IN_OUT
    intpl_control:WORD;
END_VAR
VAR
    p_end:ARRAY[1..MAX_AXIS] OF LREAL;
    p_start:ARRAY[1..MAX_AXIS] OF LREAL;
    p_centre:ARRAY[1..MAX_AXIS] OF LREAL;
    alpha_start: LREAL;
    alpha_end: LREAL;
    alpha_i: LREAL;
    alpha_rem: LREAL;
    d_alpha:LREAL;
    i:WORD;
END_VAR
```

各部分变量的说明如下。

a. 输入变量

- v_slop_now：当前进给速度，来自升降速处理模块 slop（如图 6.27(d)所示）；

- intpl_block：插补线段，来自 read_control_block 模块（如图 6.27(b) 所示）的输出数据电缆 cable_intpl_block，使用以下的数据元素：
  - g0123：插补线段类型（参见 7.4.2）；
  - g1789：圆弧插补平面选择；
  - start_position：插补线段起点；
  - end_position：插补线段终点；
  - centre：圆弧中心位置（图 6.41 中的 P_c）。
- axis_numbers：系统控制坐标轴数，来自系统配置参数；
- t_intpl：插补周期，来自系统参数。

b. 输入输出变量

- intpl_control：接收插补运行管理 interpolator_manager 发出的命令以及指示插补器状态（如图 6.28 所示）。

c. 输出变量

- intpl_pos：插补点位置输出，连接组件变量 md_var_intpl.circle_intpl_pos（参见 7.5.1）。

d. 内部变量

- p_end，p_start，p_len：中间计算变量；
- alpha_start：对应公式(6-42)中的 α_{start}；
- alpha_end：对应公式(6-43)中的 α_{end}；
- alpha_i：对应公式(6-48)中的 α_i；
- alpha_rem：对应公式(6-51)中的 α_{rem}；
- d_alpha：对应公式(6-46)中的 $d\alpha$；
- i：数组和循环控制变量。

② 示例程序片段

以下是一个圆弧插补器结构的示例程序片段：

```
IF intpl_block.g0123<>2 AND intpl_block.g0123<>3 THEN RETURN;
END_IF
CASE intpl_block.g1789 OF
   17:(*-X-Y interpolation -*);
   18:(*-Z-X interpolation -*);
   19:(*-Y-Z interpolation -*);
END_CASE
```

a. 插补程序主要功能

在圆弧插补模块起始处设置判断语句，判断插补线段是否为圆弧插补（g0123=2 或 3）。如果不是，则退出圆弧插补模块：

```
IF intpl_block.g0123<>2 AND intpl_block.g0123<>3 THEN RETURN;
```

b. 插补平面选择

```
CASE intpl_block.g1789 OF
```

通过输入变量 intpl.g1789=17/18/19 选择插补圆弧的平面 X-Y, Z-X 或 Y-Z, 从输入数据 intpl_block.start_position、intpl_block.end_position、intpl_block.center_position 的对应单元读入插补数据,并将计算结果写到输出变量 intpl_pos[..]的对应单元。

插补准备计算、插补计算、剩余路程计算、终点判别计算用公式(6-41)~公式(6-54)。其他控制过程与直线插补器相同。本示例程序段略去了具体的计算程序。

6. 插补输出选择器

插补输出选择器 intpl_output_select 根据插补类型变量 intpl_block.g0123 接通直线或圆弧插补器的输出(如图 6.27(e)所示)。插补输出选择器的功能块图如图 6.43 所示。

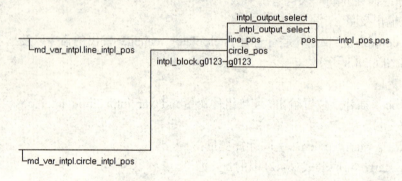

图 6.43　插补输出选择器的功能块图

(1) 输入/输出

输入/输出变量的定义如下:

```
FUNCTION_BLOCK _intpl_output_select
VAR_INPUT
   line_pos:ARRAY[1..MAX_AXIS] OF LREAL;
   circle_pos:ARRAY[1..MAX_AXIS] OF LREAL;
   g0123:WORD;
END_VAR
VAR_OUTPUT
   pos:ARRAY[1..MAX_AXIS] OF LREAL;
END_VAR
```

各部分变量的说明如下。

① 输入变量
- line_pos:直线插补器的位置输出 line_intpl_pos(如图 6.40 和图 6.27(e)所示);
- circle_pos:圆弧插补器的位置输出 circle_intpl_pos(如图 6.42 和图 6.27(e)所示);
- g0123:插补类型,来自插补数据段 intpl_block(如图 6.27(b)所示)。

② 输出变量
- pos:插补位置输出,连接插补组件的 intpl_pos 变量(如图 6.27(b)和(e)所示)。

(2) 示例程序片段

以下是插补输出选择器的示例程序片段:

```
IF g0123=1 THEN
   pos:=line_pos;
ELSIF g0123=2 OR g0123=3 THEN
   pos:=circle_pos;
END_IF
```

本例程序的主要功能：如果插补类型选择 g0123=1，接通直线插补器输出；如果插补类型选择 g0123=2 或 3，接通圆弧插补器输出。

7．扩充插补功能

对于开放式和模块化数控系统平台，扩充插补功能是其中的一项基本要求。除直线和圆弧基本插补功能外，先进数控系统通常具有抛物线插补、螺旋线插补、椭圆插补、样条插补、摆线插补等插补功能。以下是在插补组件内增加插补功能的示例。本示例只介绍扩充插补功能的步骤、数据结构和数据接口，不涉及具体插补功能。ISO 6983 规定 G07 为保留的准备机能代码，这里规定它代表某一新增加的曲线插补功能，扩充插补功能的基本步骤如下：

① 定义新的准备机能代码，例如本例中的 G07；
② 在译码器中增加 G07 译码；
③ 在_cable_intpl_block 中增加 g07 变量(参见 7.4.2(1))，如果必要还需要增加附加的位置指令变量；
④ 增加新插补功能模块，定义接口变量，编写插补计算程序；
⑤ 修改插补输出选择器，增加 g07 插补输出接口和控制接口；
⑥ 修改选择器内部选择控制程序。

（1）增加新插补功能模块

在插补组件中定义一个新的插补功能模块_g07_interpolator（如图 6.44 所示），能够完成某种曲线插补。其输出连接到插补输出选择器。

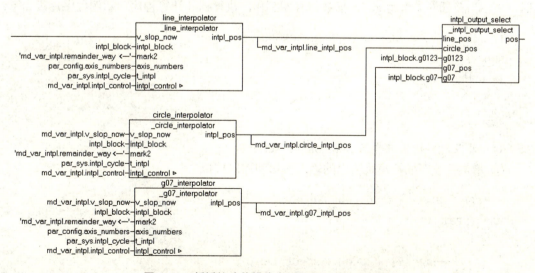

图 6.44 新插补功能模块在插补器组件中的调用

(2) 输入/输出变量定义

① 输入变量

在_cable_intpl_block 中增加与插补类型 g07 相关的变量(参见 7.4.2(1)),必要时还可以增加相关的位置类指令 p[..]:

```
TYPE _cable_intpl_block :
  STRUCT
    …
    g07:WORD;
    …
  END_STRUCT
END_TYPE
```

② 输出变量

在插补组件变量数据结构_md_var_intpl 中增加与插补类型 g07 相关的变量 g07_intpl_pos(参见 7.5.1 节):

```
TYPE _md_var_intpl :
  STRUCT
    ..
    g07_intpl_pos:ARRAY[1..MAX_AXIS] OF LREAL;
    ..
  END_STRUCT
END_TYPE
```

(3) 增加新插补模块

新插补功能模块从输入端口 intpl_block.g07 获得插补类型 g07 代码值,当 g07 等于 7 时,表示当前插补类型为 g07,插补器开始工作,执行插补计算程序。示例程序片段如下:

```
IF intpl_block.g07 <> 7 THEN RETURN;
END_IF
(*-- 插补计算程序 --*)
...
...
```

(4) 修改插补输出选择器 intpl_output_select

① 增加接收新插补模块输出的输入接口和控制接口

```
FUNCTION_BLOCK _intpl_out_select
VAR_INPUT
  ...
  g07_pos:ARRAY[1..MAX_AXIS] OF LREAL;
  g07:WORD;
```

```
    ...
END_VAR
```

② 修改选择器 intpl_output_select 的内部选择控制程序

选择器从控制端口 g07 获得译码器输出 cable_intpl_block.g07 代码。当 g07=7 时，表示当前插补类型为 g07，选择其输出为插补组件输出：

```
IF g0123=1 THEN
    pos:=line_pos;
ELSIF g0123=2 OR g0123=3 THEN
    pos:=circle_pos;
ELSIF g07=7 THEN
    pos:=g07_pos;
END_IF
```

6.5.3 手动进给

手动进给能够实现手动操作各坐标轴进给运动，用于机床的调整和维护，是数控机床和控制系统的一项重要功能。

图 6.45 是手动进给模块的功能块图，以及该功能块与控制系统其他模块的连接。

手动进给模块 jog_feed 接收来自系统操作模块 sys_manager 的控制操作指令 cable_sys_operation(参见 7.4.1(9))和系统配置参数 par_config(参见 7.3.1 节)，如图 6.5 所示，包括：

- 进给轴选择；
- 进给速度选择(使用进给倍率 override 开关)；
- 最大手动进给速度；
- 手动进给加速度。

手动进给操作模块的输出连接手动/插补输出选择模块 intpl_jog_select，手动/插补输出选择模块的输出连接机床坐标系位置数据电缆 cable_machine_coord(参见 7.4.2(2))。

1. 输入、输出和内部变量的定义

以下是手动进给模块输入、输出和内部变量的定义如下：

```
FUNCTION_BLOCK _jog_feed
VAR_INPUT
    mark1:STRING;
    sys_operation:_cable_sys_operation;
    actual_pos:ARRAY[1..MAX_AXIS] OF LREAL;
    t_cycle:REAL;
END_VAR
```

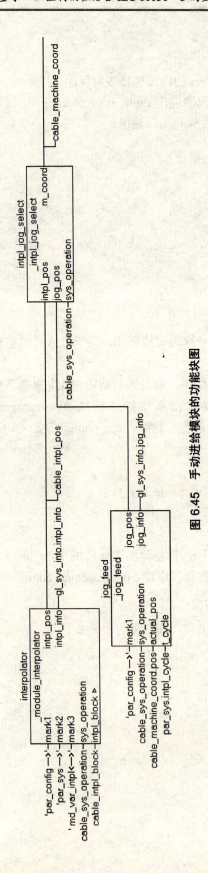

图 6.45 手动进给模块的功能块图

```
VAR_OUTPUT
    jog_pos:_cable_jog_pos;
    jog_info:WORD;
END_VAR
VAR
    dL:REAL;
    v_slop:REAL;
    v_target:REAL;
END_VAR
```

各部分变量的说明如下。

(1) 输入变量

① mark1：标记表示使用系统配置数据 par_config（参见 7.3.1 节）的相关变量：

```
TYPE _par_config :
    STRUCT
        …
        max_jog_speed:ARRAY[1..MAX_AXIS] OF REAL;
        jog_acceleration:ARRAY[1..MAX_AXIS] OF REAL;
        …
    END_STRUCT
END_TYPE
```

- max_jog_speed[..]：各进给轴的最大手动进给速度；
- jog_acceleration[..]：各进给轴的最大手动进给加速度；

② sys_operation：系统操作命令数据电缆_cable_sys_operation，在 7.4.1(9) 中定义。手动进给使用的相关变量为：

```
...
mode:WORD;
jog_plus:BOOL;
jog_minus:BOOL;
jog_stop:BOOL;
jog_axis:WORD;
override:WORD;
...
```

- mode：工作方式选择，取值为 OP_HAND 时，表示手动操作命令有效；
- jog_plus：正方向进给指令，启动正方向进给运动（含加速控制）；
- jog_minus：负方向进给指令，启动负方向进给运动（含加速控制）；

- jog_stop：进给停指令，启动进给运动减速，直到进给运动停止；
- jog_axis：进给轴号，选择当前手动操作进给轴；
- override：进给速度选择，来自机床操作面板的进给倍率开关状态，选择当前手动进给速度；

③ actual_pos[..]：当前进给轴位置，以此为基准，计算新的进给轴位置，产生运动；

④ t_cycle：手动进给控制周期，使用插补周期。

(2) 输出变量
- jog_pos：数据电缆_cable_jog_pos 连接到手动/插补输出选择模块 intpl_jog_select，参见 7.4.1(7)；
- jog_info：连接系统信息全局变量 gl_sys_info.jog_info，向系统管理模块 sys_manager 指示手动进给模块当前工作状态，如图 6.45 所示。

(3) 内部变量

内部变量用于计算手动进给增量的计算：
- dL：当前控制周期下的进给轴位置增量；
- v_slop：经过升降速处理的当前进给速度；
- v_target：目标进给速度。

2. 手动进给控制计算

以下是一个手动进给控制计算的示例程序片段：

```
IF sys_operation.mode<>OP_HAND THEN RETURN;
END_IF
IF sys_operation.jog_plus=TRUE OR sys_operation.jog_minus=TRUE THEN
    v_target:=par_config.max_jog_speed[sys_operation.jog_axis]*
            sys_operation.override*DIV_60;
    (*-- 升速计算，获得当前速度 v_slop，计算过程略 --*)
    IF sys_operation.jog_plus THEN
        dL:=v_slop*t_cycle;
    ELSE
        dL:=-v_slop*t_cycle;
    jog_pos.pos[sys_operation.jog_axis]:=actual_pos[sys_operation.jog_axis]+dL;
    END_IF
    jog_info:=ST_WORKING_ON;
END_IF
IF sys_operation.jog_stop=TRUE THEN
    v_target:=0;
    (*-- 降速计算，获得当前速度 v_slop，计算过程略 --*)
```

```
        IF sys_operation.jog_plus THEN
            dL:=v_slop*t_cycle;
        ELSE
            dL:=-v_slop*t_cycle;
        jog_pos.pos[sys_operation.jog_axis]:=actual_pos[sys_operation.jog_axis]+dL;
        END_IF
        jog_info:=ST_STOP;
END_IF
```

该程序执行以下 5 个步骤的计算。
(1) 手动模式判断
如果系统运行管理模块未发出手动进给操作命令，则立即退出手动控制模块：

```
IF sys_operation.mode<>OP_HAND THEN RETURN;
```

如果系统运行管理模块发出手动进给操作命令"sys_operation.mode=OP_HAND"，并且发出正方向或负方向进给命令，则计算手动进给目标速度 v_target：

```
IF sys_operation.jog_plus=TRUE OR sys_operation.jog_minus=TRUE THEN
    v_target:=par_config.max_jog_speed[sys_operation.jog_axis]*
             sys_operation.override*DIV_60;
```

使用的系统操作命令：
- sys_operation.jog_axis：进给轴选择；
- sys_operation.override：机床操作面板给出的进给倍率值，用于进给速度比例选择。

使用的系统配置参数：
- par_config.max_jog_speed[sys_operation.jog_axis]：根据进给轴的最大进给速度和进给速度倍率确定目标进给速度 v_target，计算公式中系统常数变量 DIV_60 表示每分钟进给率到每秒进给率的转换(1/60)。

(2) 升降速计算
手动进给模块具有升降速控制功能，当 jog_plus 或 jog_minus 值由 FALSE 变成 TRUE，以及倍率值 override 改变时，升降速计算程序能够计算当前进给速度 v_slop。计算方法与插补计算的升降速类似，本示例程序将其省略。

(3) 进给增量计算和位置输出
根据升降速处理后的当前速度和插补周期计算进给轴位置增量，并输出当前坐标轴位置：

```
IF sys_operation.jog_plus THEN
    dL:=v_slop*t_cycle;
ELSE
    dL:=-v_slop*t_cycle;
jog_pos.pos[sys_operation.jog_axis]:=actual_pos[sys_operation.jog_axis]+dL;
```

(4) 向系统运行管理模块发出手动进给模块工作状态

```
jog_info:=ST_WORKING_ON;
```

(5) 进给运动停止

如果系统运行管理模块发出手动进给停止操作命令：

```
IF sys_operation.jog_stop=TRUE THEN
```

则进给轴执行降速计算(略)，逐渐减速至停止，同时向系统运行管理模块发出手动进给模块工作状态。

```
jog_info:=ST_STOP;
```

3. 手动/插补输出的选择

手动进给位置和插补进给位置的输出连接到手动/插补输出选择功能模块 intpl_jog_select。通过系统操作命令 cable_sys_operation.mode 选择使用插补输出或手动进给输出(如图 6.45 所示)。

(1) 输入/输出变量

输入/输出变量的定义如下：

```
FUNCTION_BLOCK _intpl_jog_select
VAR_INPUT
    intpl_pos:_cable_intpl_pos;
    jog_pos:_cable_jog_pos;
    sys_operation:_cable_sys_operation;
END_VAR
VAR_OUTPUT
    m_coord:_cable_machine_coord;
END_VAR
```

各部分变量的说明如下。

① 输入变量
- intpl_pos：坐标轴位置，来自插补器组件输出数据电缆 cable_intpl_pos；
- jog_pos：坐标轴位置，来自手动进给模块输出数据电缆 cable_jog_pos；
- sys_operation：系统操作命令，来自系统运行管理模块的数据电缆 cable_sys_operation。

② 输出变量
- m_coord：通过数据电缆 cable_machine_coord 连接坐标变换模块 coord_trans。数据电缆 cable_machine_coord 在 7.4.2(2)中定义。

(2) 示例程序片段

以下是手动/插补输出选择模块的示例程序片段：

```
IF sys_operation.mode=OP_HAND THEN
    m_coord.pos:=jog_pos.pos;
ELSE
    m_coord.pos:=intpl_pos.pos;
END_IF
```

本段程序的功能解释如下。

当系统操作方式为手动进给方式时：

    IF sys_operation.mode=OP_HAND THEN

输出来自手动进给模块的坐标位置：

    m_coord.pos:=jog_pos.pos;

否则输出来自插补组件的坐标位置：

    m_coord.pos:=intpl_pos.pos;

6.5.4 坐标变换模块

高性能 5 坐标数控机床具有刀位和刀具姿态控制功能，如图 6.36 所示；刀具的姿态用欧拉角 α、β 表示，如图 6.35 所示。

插补器输出和手动进给输出工件坐标系下刀具位置 $P_n(X_n, Y_n, Z_n)$ 和姿态 α_n、β_n 指令。坐标变换模块根据机床结构数据，计算出机床各个坐标轴相应的位置坐标 $P_{ax}(X_{ax}, Y_{ax}, Z_{ax}, A_{ax}, C_{ax})$，如图 6.46 所示。

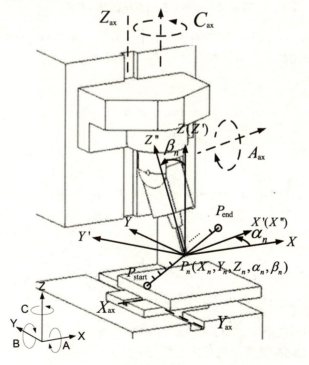

图 6.46　根据机床结构的坐标变换计算

插补器和手动操作输出的工件坐标系下插补点的刀具位置和姿态为 $P_n(X_n, Y_n, Z_n, \alpha_n, \beta_n)$，坐标变换模块输出机床进给轴和转动轴位置 $P_{ax}(X_{ax}, Y_{ax}, Z_{ax}, A_{ax}, C_{ax})$。

1. 坐标变换计算示例

坐标变换计算与机床结构布局和参数相关，本例介绍具有主轴双摆角的 5 坐标数控机床布局结构的坐标变换计算实例（如图 6.47 所示）。在这种机床布局结构下，与坐标变换计算相关的机床参数是摆角 A 中心与主轴端面的距离 L_{sp} 和刀具长度 L_h。

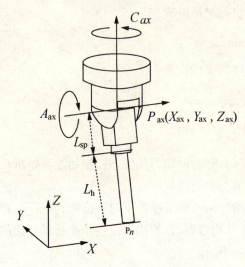

图 6.47　主轴双摆角 5 坐标数控机床

参考文献[8]介绍了坐标变换计算的基础理论和方法，本书不再详细介绍。在本例中，坐标变换计算需要使用机床结构参数 L_{sp} 和刀具长度 L_h。以下是图 6.47 机床布局的坐标变换公式：

$$\begin{cases} i = \sin\alpha \cdot \sin\beta \\ j = -\cos\alpha \cdot \sin\beta \\ k = \cos\beta \end{cases} \quad (6\text{-}55)$$

$$\begin{cases} A_{ax} = -\arccos k & (-\pi/2 \leqslant A_{ax} \leqslant \pi/2) \\ C_{ax} = \arctan(-i/j) & (-\pi \leqslant C_{ax} \leqslant \pi) \\ X_{ax} = X_n - \sin(C_{ax}) \cdot \sin(A_{ax}) \cdot (-L_h - L_{sp}) \\ Y_{ax} = Y_n + \cos(C_{ax}) \cdot \sin(A_{ax}) \cdot (-L_h - L_{sp}) \\ Z_{ax} = Z_n - \cos(A_{ax}) \cdot (-L_h - L_{sp}) \end{cases} \quad (6\text{-}56)$$

公式(6-55)将刀具姿态 α、β 换算成刀具矢量在坐标轴上的单位矢量投影（如图 6.48 所示），然后用公式(6-56)计算出机床主轴摆角 A_{ax}、C_{ax}，以及坐标轴位置 X_{ax}、Y_{ax}、Z_{ax}。为了便于阅读和理解，上述公式中略去了奇异位置处理。真实的坐标变换程序必须包括奇异位置处理计算。

2. 坐标变换模块程序示例

图 6.49 是坐标变换模块的功能块图，图 6.4 给出了它与系统其他模块的连接。对应

图 6.46 机床结构类型的坐标变换模块为 coord_trans_type1。

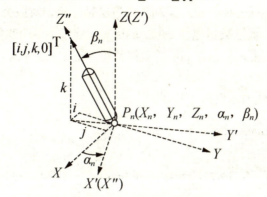

图 6.48 刀具姿态和位置

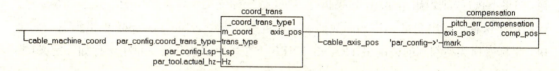

图 6.49 坐标变换模块的功能块图

(1) 输入/输出变量

以下是坐标变换模块输入/输出变量的数据结构定义：

```
FUNCTION_BLOCK _coord_trans_type1
VAR_INPUT
  m_coord:_cable_machine_coord;
  trans_type:WORD;
  Lsp:REAL;
  Hz:REAL;
END_VAR
VAR_OUTPUT
  axis_pos:_cable_axis_pos;
END_VAR
VAR
END_VAR
```

各部分变量的说明如下。

① 输入变量

- m_coord：通过数据电缆 cable_machine_coord 获得插补器或手动进给位置指令；
- trans_type：机床布局结构类型，由系统配置参数 par_config.coord_trans_type 提供（参见 7.3.1 节）；
- Lsp：机床结构参数，由系统配置参数 par_config.Lsp 提供；
- Hz：当前使用刀具长度，由刀具参数 par_tool.actual_hz 提供（参见 7.3.3 节）。

② 输出变量
- axis_pos：输出坐标变换计算结果和机床进给轴位置，对应公式(6-56)的 X_{ax}、Y_{ax}、Z_{ax}、A_{ax}、C_{ax}，通过数据电缆 cable_axis_pos 连接下一个功能模块——机床误差补偿模块(compensation)。axis_pos 的数据结构_cable_axis_pos 由 7.4.1(2)定义。

(2) 示例程序片段

以下是坐标变换模块的示例程序片段：

```
IF trans_type<>TRANS_TYPE_1 THEN RETURN;
END_IF
(*-- 坐标变换计算,计算过程略,计算结果在由axis_pos输出 --*)
```

在程序开始首先根据系统配置参数 trans_type 判断是否执行对应机床类型 1 的坐标变换，如果不执行，则退出本模块。如果执行，则执行坐标变换计算公式(6-55)和公式(6-56))，计算结果保存在输出变量 axis_pos 数据中，通过数据电缆 cable_axis_pos 连接到下一个模块。坐标变换类型判别的关键字 TRANS_TYPE_1 在系统常数全局变量中进行如下定义(参见 7.1 节)：

```
VAR_GLOBAL CONSTANT
   ...
   (*-- coordiante transformation mode --*)
   TRANS_TYPE_NULL:WORD:=0;
   TRANS_TYPE_1:WORD:=1;
   TRANS_TYPE_2:WORD:=2;
   TRANS_TYPE_3:WORD:=3;
   ...
END_VAR
```

3. 坐标变换模块的替换、删除和添加

一个完善的数控系统平台必须适合多种结构布局的数控机床的控制要求，能够剪裁和增加系统的控制功能。对于不需要坐标变换功能的机床，可以通过替换、删除的方法去除坐标变换功能。如果遇到当前系统不具备的坐标变换类型，也可以方便地替换和添加所需要的坐标变换计算模块，不影响现有模块的功能。

(1) 替换坐标变换模块

在不需要坐标变换计算功能的情况下，可以编写一个"短路"的坐标变换模块 _coord_trans_type_null 替换图 6.49 的_coord_trans_type1 模块，如图 6.50 所示。

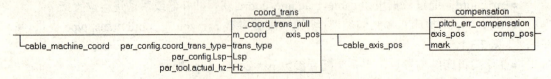

图 6.50 "短路"的坐标变换模块

_coord_trans_null 程序将模块输入变量直接复制到输出变量：

```
axis_pos.pos:=m_coord.pos;
```

同样，为了与所控制的机床结构匹配，也可以编写新的坐标变换程序，使用模块替换方法安装在系统中。

(2) 删除坐标变换模块

为了简化控制系统软件结构，在不需要使用坐标变换功能情况下，也可以直接将其删除。由于手动/插补输出选择功能模块 intpl_jog_select 的输出数据电缆 cable_machine_coord 与坐标变换模块的输出数据电缆 cable_axis_pos 具有相同的数据结构，可以将手动/插补输出选择功能模块的输出数据电缆 cable_machine_coord 直接连接到机床补偿模块 compensation 的输入接口，如图 6.51 所示。

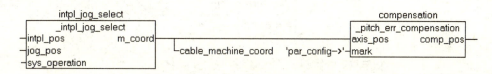

图 6.51　坐标变换模块的删除

(3) 添加坐标变换模块

通过在系统主回路添加坐标变换模块，可以将新的坐标变换模块 coord_trans_type2 集成到系统中，如图 6.52 所示。通过系统配置参数，可以根据机床结构选择相应的坐标变换模块运行。同时还要增加一个坐标变换选择模块 trans_select，将坐标变换模块 coord_trans_type1 或 coord_trans_type2 的输出连接到坐标变换选择模块 trans_select 的输出。本示例还包括了"短路"坐标变换功能，可以将插补器输出 cable_machine_coord 通过变量 axis_pos 直接输出到后续模块。

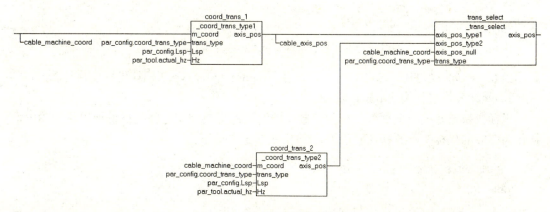

图 6.52　新坐标变换模块的添加

① 新坐标变换模块 coord_trans_type2

图 6.53 是另外一种主轴摆角和工作台转角组合的机床布局结构。

图 6.53　主轴摆角和工作台转角组合结构

坐标变换公式为：

$$\begin{cases} i = \sin\alpha \cdot \sin\beta \\ j = -\cos\alpha \cdot \sin\beta \\ k = \cos\beta \end{cases} \tag{6-57}$$

$$\begin{cases} A_{\text{ax}} = \arccos(-k) & (-\pi/2 \leqslant A_{\text{ax}} \leqslant \pi/2) \\ C_{\text{ax}} = \arctan(i/j) & (-\pi \leqslant C_{\text{ax}} \leqslant \pi) \\ X_{\text{ax}} = \cos(C_{\text{ax}}) \cdot X_n - \sin(C_{\text{ax}}) \cdot Y_n \\ Y_{\text{ax}} = \sin(C_{\text{ax}}) \cdot X_n + \cos(C_{\text{ax}}) \cdot Y_n + \sin(A_{\text{ax}}) \cdot (-L_\text{h} - L_\text{sp}) \\ Z_{\text{ax}} = Z_n - \cos(A_{\text{ax}}) \cdot (-L_\text{h} - L_\text{sp}) \end{cases} \tag{6-58}$$

新坐标变换模块 coord_trans_type2 与 coord_trans_type1（参见 6.5.4 的第 2 小节）具有相同的输入/输出变量定义。但是用于不同的机床结构，坐标变换计算方法不同。通过系统配置参数 par_config.coord_trans_type 来切换坐标变换算法。

以下是 coord_trans_type2 的示例程序片段：

```
IF trans_type<>TRANS_TYPE_2 THEN RETURN;
END_IF
(*-- 坐标变换计算,计算过程略,计算结果由 axis_pos 输出 --*)
```

表示当 trans_type 为 TRANS_TYPE_2 时，执行 coord_trans_type2 模块坐标变换计算。

② 坐标变换选择模块 trans_select

坐标变换选择模块根据系统配置参数设定的坐标变换类型选择坐标变换模块的输出数据作为有效的坐标变换数据。它的输入/输出变量定义如下：

```
FUNCTION_BLOCK _trans_select
VAR_INPUT
   axis_pos_type1:_cable_axis_pos;
   axis_pos_type2:_cable_axis_pos;
   axis_pos_null:_cable_machine_coord;
   trans_type:WORD;
END_VAR
```

```
VAR_OUTPUT
    axis_pos: cable_axis_pos;
END_VAR
```

输入/输出变量的功能如下:
- axis_pos_type：连接坐标变换模块 coord_trans_type1 的输出，使用数据电缆 cable_axis_pos 定义；
- axis_pos_type2：连接坐标变换模块 coord_trans_type2 的输出，使用数据电缆 cable_axis_pos 定义；
- axis_pos_null：直接连接手动/插补输出选择功能模块 intpl_jog_select 的输出，使用数据电缆 cable_machine_coord 定义；
- trans_type：坐标变换类型选择，由系统配置参数 par_config.coord_trans_type 设定；
- axis_pos：模块输出，连接后续机床误差补偿模块，使用数据电缆 cable_axis_pos 定义。

坐标变换选择模块 trans_select 的示例程序片段如下:

```
IF trans_type=TRANS_TYPE_1 THEN
    axis_pos:=axis_pos_type1;
ELSIF trans_type=TRANS_TYPE_2 THEN
    axis_pos:=axis_pos_type2;
ELSIF trans_type=TRANS_TYPE_NULL THEN
    axis_pos.pos:=axis_pos_null.pos;
END_IF
```

本例程序的主要功能如下:

① 当坐标变换类型 trans_type=TRANS_TYPE_1 时，选择坐标变换模块 coord_trans_type1 的输出；

```
axis_pos:=axis_pos_type1;
```

② 当坐标变换类型 trans_type=TRANS_TYPE_2 时，选择坐标变换模块 coord_trans_type2 的输出；

```
axis_pos:=axis_pos_type2;
```

③ 当坐标变换类型 trans_type=TRANS_TYPE_NULL 时，不使用坐标变换模块，直接将连接插补/手动选择模块 intpl_jog_select 的输入数据 axis_pos_null 复制到本模块的输出：

```
axis_pos.pos:=axis_pos_null.pos;
```

(4) 使用坐标变换组件

当数控系统软件开始设计时，就应考虑具有覆盖多种数控机床结构布局的坐标变换功能，可以将所有坐标变换类型集成在一个坐标变换系统组件中，形成坐标变换模块库(如图 6.54 所示)。使数控系统软件结构和层次更清晰合理，便于理解、维护和管理。

图 6.55 是在系统中建立坐标变换组件(坐标变换模块库)module_coord_trans，其输入/

输出变量定义与坐标变换模块_coord_trans_type1 相同。

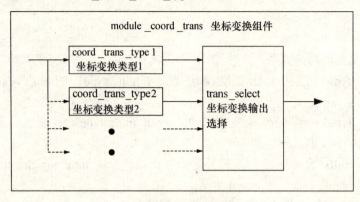

图 6.54 坐标变换组件

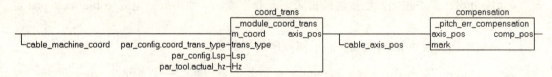

图 6.55 坐标变换组件的功能块图

组件内部包含多种类型坐标变换子模块 coord_trans_type1、coord_trans_type2 和坐标变换输出选择模块 trans_select，如图 6.56 所示。这些子功能模块可以直接使用上一节"2. 坐标变换模块程序示例"中的坐标变换功能模块。

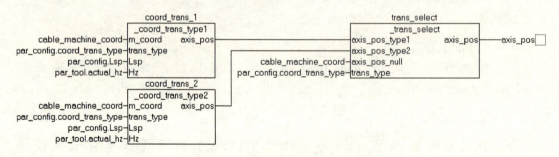

图 6.56 坐标变换组件的功能块图

6.5.5 机床误差补偿

先进数控系统具有多种机床误差补偿功能，用来补偿机床机械结构和传动部分的制造误差以及使用环境引起的误差，包括：丝杠螺距误差补偿、丝杠螺母反向间隙补偿、导轨不直度误差补偿、导轨垂直度误差补偿、环境温度引起的几何误差补偿等。本书以等间距丝杠螺距误差补偿为例，介绍构建机床误差补偿模块的方法。

1. 丝杠螺距误差补偿工作原理

图 6.57 是等间距丝杠螺距误差补偿工作原理。图 6.57(a) 表示丝杠螺距误差原始值。图 6.57(c) 是丝杠螺距误差补偿设定值，采用等间隔补偿，补偿间隔距离设置在系统配置参数 par_config.pitch_err_comp_interval[axis_number]中，螺距误差补偿值设置在系统配置参数

par_config.pitch_err_comp_value[axis_number,n]中（参见 7.3.1 节）。图 6.57(b)是设置补偿功能后测量的实际机床进给轴的传动误差。

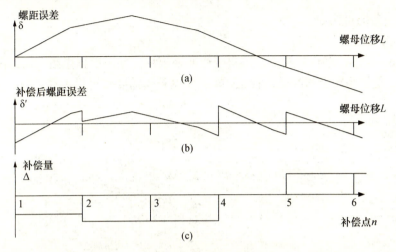

图 6.57 螺距误差补偿

首先需要通过测量获得螺距误差 δ 与螺母位移 L 之间的函数关系，然后通过系统配置参数设置误差补偿量 Δ 。数控系统在系统配置参数中提供螺距误差补偿参数：

- par_config.pitch_err_comp_value[axis_number,n]：补偿量 Δ ；
- axis_number：进给轴编号；
- n：补偿点号；
- par_config.pitch_err_comp_interval[axis_number]：补偿点间隔，即采用等距间隔补偿时补偿点之间的距离。

2. 螺距误差补偿模块编程示例

图 6.58 为螺距误差补偿的功能块图。误差补偿模块的输入连接坐标变换模块 coord_trans 的输出，其输出连接后续传动匹配模块 drive_adapt。

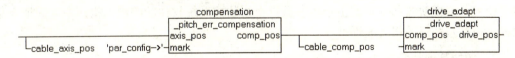

图 6.58 螺距误差补偿的功能块图

(1) 输入/输出变量定义

输入/输出变量的定义如下：

```
FUNCTION_BLOCK _pitch_err_compensation
VAR_INPUT
   axis_pos:_cable_axis_pos;
   mark:STRING;
END_VAR
VAR_OUTPUT
```

```
      comp_pos:_cable_comp_pos;
   END_VAR
```

各部分变量的说明如下。

① 输入变量
- axis_pos：进给轴位置指令，来自坐标变换模块，使用数据电缆 cable_axis_pos；
- mark：使用系统配置参数的标记，螺距误差补偿需要使用以下形式的系统配置参数：

```
TYPE _par_config :
   STRUCT
      ...
      pitch_err_comp_value:ARRAY[1..MAX_AXIS,1..MAX_PITCH_COMP_POINT]
               OF REAL;
      pitch_err_comp_interval:ARRAY[1..MAX_AXIS] OF REAL;
      ...
   END_STRUCT
END_TYPE
```

这些参数的功能为：

——pitch_err_comp_value：为补偿量 Δ ；

——pitch_err_comp_interval：为补偿点间隔；

——MAX_PITCH_COMP_POINT：为系统常数，表示系统规定的每进给轴最大螺距误差补偿点数目；

——MAX_AXIS：为系统常数，表示最大控制轴数。

② 输出变量
- comp_pos：误差补偿模块的输出，在 7.4.1(3) 中定义。

(2) 螺距误差补偿程序

螺距误差补偿程序根据 6.5.5 节中第 1 小节介绍的丝杠螺距误差补偿工作原理编写，还需要使用一些模块内部变量。由于本书重点介绍数控系统软件的组织结构，不再详细介绍丝杠螺距误差补偿的相关编程细节。

3. 增加其他补偿功能模块

在螺距误差补偿之外，还可以增加其他误差补偿模块，图 6.59 是增加丝杠反向间隙补偿模块的功能块图。

丝杠反向间隙补偿模块 backlash_compensation 具有与丝杠螺距误差补偿模块 pitch_err_compensation 相同的输入/输出数据结构，只是补偿计算程序不同。补偿数据合成模块 sum_compensation 将丝杠反向间隙补偿模块和丝杠螺距误差补偿模块计算结果叠加后输出给后续功能模块。补偿数据合成模块 sum_compensation 的输入/输出和示例程序如下。

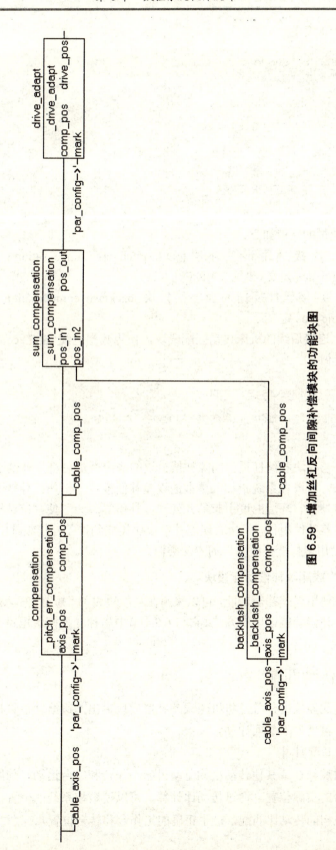

图 6.59 增加丝杠反向间隙补偿模块的功能块图

(1) 输入/输出变量

```
FUNCTION_BLOCK _sum_compensation
VAR_INPUT
   pos_in1:_cable_comp_pos;
   pos_in2:_cable_comp_pos;
END_VAR
VAR_OUTPUT
   pos_out:_cable_comp_pos;
END_VAR
```

输入/输出变量的功能如下。
- pos_in1：连接螺距误差补偿模块 pitch_err_compensation，使用数据电缆 cable_comp_pos 定义(参见 7.4.1)；
- pos_in2：连接丝杠反向间隙补偿模块 backlash_compensation，使用数据电缆 cable_comp_pos 定义；
- pos_out：连接后续的机床传动匹配模块，使用数据电缆 cable_comp_pos 定义。

(2) 程序示例

```
FOR i:=1 TO MAX_AXIS BY 1 DO
   pos_out.pos[i]:=pos_in1.pos[i]+pos_in2.pos[i];
END_FOR
```

螺距误差补偿模块和丝杠反向间隙补偿模块的输出叠加后产生补偿数据输出 pos_out。采用类似的方法，可以在系统中加入更多的误差补偿模块。例如：导轨不直度误差补偿、导轨垂直度误差补偿、环境温度引起的几何误差补偿等。为了使系统结构层次更清晰，也可以建立一个误差补偿组件，将所有误差补偿模块集成到误差补偿组件中。与 6.5.4 节中第 3 小节的"(4)使用坐标变换组件"的方法类似。

4. "短路"或删除补偿功能模块

如果系统不使用误差补偿功能，可以采用在功能块内部"短路"输入/输出变量的方法，也可以采用删除补偿功能模块的方法。它与 6.5.4 节中坐标变换模块短路或删除所采用的处理方法类似。

6.5.6 机床传动匹配

机床传动匹配模块的任务是将机床误差补偿模块输出的进给轴位置指令转换成伺服装置的位置指令。包括如下 2 项计算。

(1) 传动比匹配计算

伺服电机通过丝杠或其他传动机构驱动机床工作台和转台运动，使用位置检测元件获得工作台和转台的实际位置。通过传动比计算，可以使数控系统的位置指令值与位置检测元件以及传动机构的传动比匹配，产生正确的工作台和转台位置。

(2) 整型量转换

机床传动匹配模块前的所有位置变量计算均采用实型(浮点)类型变量(REAL 或 LREAL)。位置检测元件的输出单位是位置分辨率,为整型变量。伺服装置的指令位置应该与位置检测元件的分辨率对应,必须使用整型变量表示。因此需要将实型变量表示的位置指令按照数控系统设定的分辨率要求转换成整型变量表示的位置指令。

1. 传动比匹配计算

图 6.60 是传动匹配模块 drive_adapt 与伺服电机、工作台传动以及位置检测之间的数据关系示例。其中,

- P_{comp}:为误差补偿模块输出的位置指令(实型,单位为 mm);
- P_{drv}:为机床传动匹配模块的输出位置指令(整型);
- P_{enc}:为细分后的编码器位置(整型);
- P_{axis}:为工作台位置(mm);
- K_{scr}:为丝杠螺距(mm/转)。

伺服电机通过丝杠驱动工作台运动,安装在伺服电机上的位置编码器检测电机轴的位置,经过细分电路,获得高分辨率检测位置值 P_{enc}。伺服装置实现伺服电机(工作台)跟随指令位置 P_{drv} 的运动 P_{axis}。通过传动比计算,可以使数控系统的位置指令值与位置检测元件以及传动机构的传动比相匹配,产生正确的工作台位置。

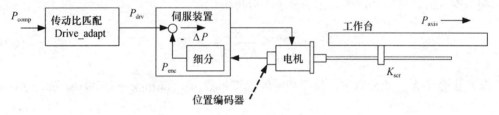

图 6.60 传动比匹配原理

图 6.61 表示数控系统位置指令 P_{comp} 经过机床传动匹配模块到工作台实际位置 P_{axis} 的转换过程。其中:

- K_{num}:为传动比分子;
- K_{den}:为传动比分母;
- R_{res}:为细分后的位置编码器分辨率(脉冲数/转);
- P'_{drv}:为实型变量表示的位置指令;
- K_{rd}:为分辨率系数。

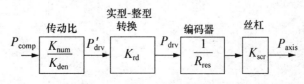

图 6.61 传动比计算转换过程

传动匹配模块输出的位置指令 P_{drv} 为整型变量,单位是机床检测元件的分辨率。先进数控系统的最小位置指令单位通常可以根据机床控制精度要求以及控制计算机的性能通过系统配置参数选择。传动比和转换函数计算公式为:

$$P'_{drv} = \frac{P_{comp} \times K_{num}}{K_{den}} \quad (6\text{-}59)$$

LREAL_TO_DINT 是 IEC 61131-3 的标准功能函数,完成实型变量到整型变量的转换。P_{drv} 为机床传动匹配模块的输出,K_{rd} 是保存在系统配置参数 par_config.k_rd 中的分辨率系数,表 6.3 给出数控系统最小位置指令值与分辨率系数 K_{rd} 的对应关系:

表 6.3 数控系统最小位置指令值与分辨率系数

最小位置指令值/(mm)	K_{rd}
0.001	1 000
0.000 1	10 000
0.000 01	100 000
0.000 001	1 000 000

根据图 6.61,可以获得传动比的分子和分母值:

$$\frac{K_{num}}{K_{den}} = \frac{R_{res}}{K_{rd} \times K_{src}} \quad (6\text{-}60)$$

传动比分子 K_{num} 和分母 K_{den} 保存在系统配置参数 par_config.k_num 和 par_config.k_den 中。

2. 程序示例

图 6.62 为传动匹配模块的功能块图。传动匹配模块的输入连接误差补偿模块 compensation 的输出,其输出连接后续的现场总线驱动模块 device_com(图 6.4)。

(1) 输入、输出、内部变量的定义

输入、输出、内部变量的定义如下:

```
FUNCTION_BLOCK _drive_adapt
VAR_INPUT
  comp_pos:_cable_comp_pos;
  mark:STRING;
END_VAR
VAR_OUTPUT
  drive_pos:_cable_drive_pos;
```

```
END_VAR
VAR
  i:WORD;
  pp_drv:ARRAY[1..MAX_AXIS] OF LREAL;
END_VAR
```

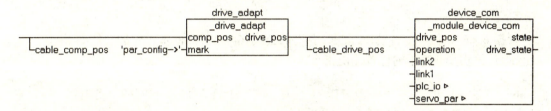

图 6.62　传动匹配模块的功能块图

各部分变量的作用如下。

① 输入变量

- comp_pos：进给轴位置指令，来自误差补偿模块；
- mark：使用系统配置参数的标记，机床传动匹配模块需要使用以下系统配置参数：

```
TYPE _par_config :
  STRUCT
    ...
    k_num:ARRAY[1..MAX_AXIS] OF REAL;
    k_den:ARRAY[1..MAX_AXIS] OF REAL;
    k_rd:ARRAY[1..MAX_AXIS] OF REAL;
    ...
  END_STRUCT
END_TYPE
```

这些参数中，

- k_num：传动比分子；
- k_den：传动比分母；
- k_rd：实型-整型变量转换系数。

② 输出变量

- drive_pos：机床传动比匹配模块的输出，使用数据电缆 cable_drive_pos 定义，参见 7.4.1(5)。

③ 内部变量

- i：数组元素索引；
- pp_drv：位置指令中间变量，对应公式 (6-59) 的 P'_{drv}。

(2) 示例程序片段

以下是传动比匹配模块的示例程序片段：

```
FOR i:=1 TO MAX_AXIS BY 1 DO
  pp_drv[i]:=par_config.k_num[i]*comp_pos.pos[i]*par_config.k_rd[i]/pa
    r_config.k_den[i];
  drive_pos.pos[i]:=LREAL_TO_DINT(pp_drv[i]);
END_FOR
```

根据 6.5.6 节中"1. 传动比匹配计算"的公式(6-59)可知，本程序的功能如下：
① 计算实型数表示的位置输出指令

```
pp_drv[i]:=par_config.k_num[i]*comp_pos.pos[i]*par_config.k_rd[i]/
  par_config.k_den[i];
```

② 将实型数转换成双字长整型数并输出

```
drive_pos.pos[i]:=LREAL_TO_DINT(pp_drv[i]);
```

6.5.7 现场总线驱动

数控系统通过现场总线与进给伺服、主轴、数字量 I/O、传感器以及其他外部设备连接（如图 6.63 所示）。

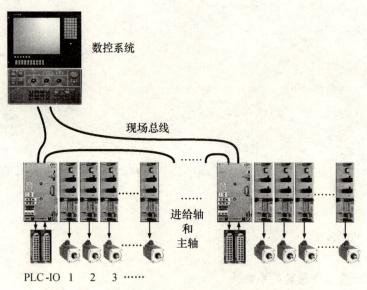

图 6.63 数控系统及现场总线

数控系统硬件包括现场总线主站通信模块，外部设备包括现场总线从站通信模块。数控系统控制软件包括现场总线主站通信驱动程序模块（如图 6.4 所示），具有以下主要功能：
- 根据系统配置参数，建立和维护主站与从站之间的通信；

- 将来自机床传动匹配模块的位置指令发送到伺服从站;
- 从伺服从站获取从站状态,例如伺服轴的实际位置、速度、转矩,将其转发给数控系统的伺服状态监控模块;
- 将来自 PLC 模块的主轴转速命令和数字量输出数据发送到主轴从站和数字量 I/O 从站;
- 获取主轴从站和数字量 I/O 从站状态,例如主轴的实际速度、转矩,数字量输入数据,将其转发给数控系统的 PLC 模块;
- 向从站写入通信和伺服参数;
- 从从站读取通信和伺服参数。

1. 现场总线数据帧的基本结构

图 6.64 是现场总线数据帧的基本结构。图 6.64(a)是指令数据帧基本结构,由报头和对应各个从站的指令数据 1,2,…,n 组成。通过指令数据,主站可以向从站发送位置指令、速度指令、转矩指令、通信参数、伺服参数、数字量输出数据等。

图 6.64(b)是状态数据帧的基本结构,由报头和对应各个从站的状态数据 1,2,…,n 组成。从站通过状态数据向主站发送伺服的实际位置、实际速度、实际转矩、通信参数、伺服参数、数字量输入数据等。

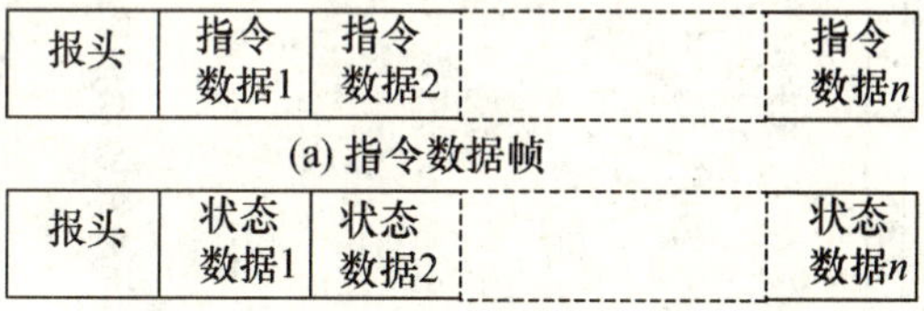

报头	指令数据1	指令数据2	...	指令数据n

(a) 指令数据帧

报头	状态数据1	状态数据2	...	状态数据n

(b) 状态数据帧

图 6.64 现场总线数据帧的报文结构

适合数控系统伺服和外部设备控制的国际标准现场总线有 SERCOS(IEC-61491)、EtherCAT(IEC/PAS 62407)、PROFIBUS(IEC 61158/IEC 61784)、PROFINET(IEC 61158/IEC 61784)、CANopen(EN 50325−4)等。

现场总线驱动程序开发技术的专业性很强,本书不再深入介绍。本书作者编著的另外两部书《数字伺服通讯协议 SERCOS 驱动程序设计及应用》和《工业以太网现场总线 EtherCAT 驱动程序设计及应用》详细介绍了现场总线驱动程序的设计方法。

2. 现场总线驱动模块程序示例

图 6.65 为现场总线驱动模块 device_com 的功能块图。现场总线驱动模块的输入连接机床传动匹配模块、PLC 模块、系统数据管理模块和系统操作命令,实现外部设备通信,控制外部设备运行。其输出连接状态监视模块_drive_monitor 和系统信息变量 gl_sys_info.device_com_state,提供外部设备运行状态信息。

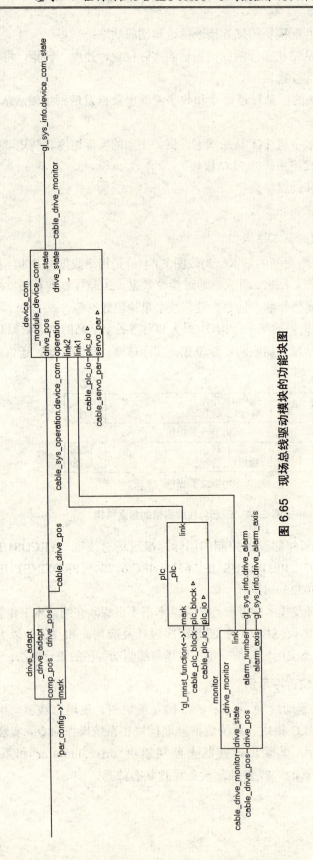

图 6.65 现场总线驱动模块的功能块图

(1) 输入、输出、输入输出变量的定义

以下是输入、输出、输入输出变量的定义：

```
FUNCTION_BLOCK _module_device_com
VAR_INPUT
    drive_pos:_cable_drive_pos;
    operation:WORD;
    link2:BOOL;
    link1:BOOL;
END_VAR
VAR_OUTPUT
    state:WORD;
    drive_state:_cable_drive_monitor;
END_VAR
VAR_IN_OUT
    plc_io:_cable_plc_io;
    servo_par:_cable_servo_par;
END_VAR
```

各部分变量的说明如下。

① 输入变量

- drive_pos：伺服位置指令，来自机床传动匹配模块数据电缆 cable_drive_pos（参见 7.4.1(5)）；
- operation：系统操作命令，来自系统操作命令数据电缆 cable_sys_operation；
- link2：建立与 PLC 模块的图形连接；
- link1：建立与状态监视模块_drive_monitor 的图形连接。

② 输出变量

- state：现场总线驱动模块运行状态的指示，连接系统信息变量 gl_sys_info.device_com_state；
- drive_state：伺服运行状态的指示，通过数据电缆 cable_drive_monitor 连接到状态监视模块_drive_monitor，数据电缆 cable_drive_monitor 的数据结构在 7.4.1(4)中定义。

③ 输入输出变量

- plc_io：通过数据电缆 cable_plc_io 连接 PLC 模块，实现 PLC 变量通信，数据电缆 cable_plc_io 的数据结构在 7.4.1(8)中定义；
- servo_par：通过 cable_servo_par 从系统的运行管理模块获得伺服参数读写指令，实现数控系统与伺服的参数通信。数据电缆 cable_servo_par 的数据结构在 7.4.2(4)中定义。

(2) 程序功能简介
① 初始化程序示例片段

```
IF operation=CMD_INIT THEN
    (*-- initial field bus communication --*)
    state:=ST_WORKING_ON;
END_IF
```

在数控系统启动阶段，系统运行管理模块向现场总线模块发出初始化现场总线命令 cable_sys_operaion.device_com= CMD_INIT。现场总线驱动模块通过输入变量 operation 接收到命令，与外部设备建立通信，完成后向系统发出状态标志，表示已经建立通信并开始运行 state=ST_WORKING_ON，并将其写到系统信息变量 gl_sys_info.device_com_state，表示现场总线驱动模块能够执行与外部设备的数据通信。程序示例略去了现场总线初始化相关的程序细节。

② 指令位置输出

将指令位置 drive_pos.pos[i]写到指令数据帧的伺服从站报文，并发送数据帧。

③ 伺服状态读入

从状态数据帧读入伺服从站的状态反馈数据(实际位置、速度、转矩)，写到输出变量 drive_state，通过数据电缆 cable_drive_monitor，发送到状态监视模块_drive_monitor。

④ PLC 数据输出

从输入输出变量plc_io.out[1..MAX_PLC_PORT]获得PLC控制模块数据电缆cable_plc_io传来的数字开关量的输出状态，写到指令数据帧的 PLC 输出从站报文，并发送数据帧。

⑤ PLC 数据输入

从状态数据帧读入 PLC 输入从站的数字开关量输入数据，写到输入输出变量 plc_io.in[1..MAX_PLC_PORT]，通过数据电缆 cable_plc_io，发送到PLC控制模块。

⑥ 读写伺服参数

读写伺服参数示例程序片段如下：

```
IF servo_par.command=CMD_NULL THEN
    servo_par.state:=ST_NULL;
END_IF
IF servo_par.command=CMD_PAR_WRITE AND servo_par.state=ST_NULL THEN
    (*-- write parameter process --*)
    servo_par.state:=ST_FINISH;
END_IF
IF servo_par.command=CMD_PAR_READ AND servo_par.state=ST_NULL THEN
    (*-- read parameter process --*)
    servo_par.state:=ST_FINISH;
END_IF
```

该示例程序包括以下功能。

a. 读写准备

系统运行管理模块发出读写参数准备指令：

```
servo_par.command=CMD_NULL;
```

现场总线驱动模块以 servo_par.state:=ST_NULL 作为操作准备应答。

b. 写参数

系统运行管理模块发出写参数指令：

servo_par.command=CMD_PAR_WRITE;

servo_par.servo_number=伺服从站号；

servo_par.id_number=参数号；

servo_par.value=参数值；

现场总线驱动模块执行写参数操作，将参数号和参数值写入对应从站指令数据帧，并发送数据帧。然后，等待状态数据帧返回的指令执行反馈。如果写入参数成功，返回操作状态 servo_par.state:=ST_FINISH，否则返回操作状态 servo_par.state:=ST_ERROR。本示例略去了相关程序细节。

c. 读参数

系统运行管理模块发出读参数指令：

servo_par.command=CMD_PAR_READ;

servo_par.servo_number=伺服从站号；

servo_par.id_number=参数号；

现场总线驱动模块执行读参数操作，将参数号写入对应从站指令数据帧，并发送数据帧。然后等待状态数据帧返回被读参数值。如果读参数成功，将读到的参数值写入 servo_par.value，并返回操作状态 servo_par.state:=ST_FINISH，否则返回操作状态 servo_par.state:=ST_ERROR。本例略去了相关程序细节。

6.5.8 伺服状态监视

伺服状态监视模块 monitor（如图 6.65 所示）用于监视伺服装置和机床是否在设定的工作条件下运行，保证伺服系统和机床安全工作。

1. 状态监视的任务

通常需要监视的内容包括如下 5 个方面。

(1) 进给轴位置跟踪误差 ΔP；

它是进给轴指令位置 P_{cmd} 与实际位置 P_{act} 之差（如图 6.60 所示）：

$$\Delta P = P_{cmd} - P_{act} \tag{6-61}$$

当进给轴负载过大、机械故障、工作台发生碰撞、伺服装置或伺服电机故障时，跟踪误差会超过设定值；

(2) 进给轴速度 V_{axis}；

(3) 进给轴转矩 M_{axis}；

(4) 主轴转速 n_{sp}；

(5) 主轴转矩/功率。

伺服状态监视模块从现场总线驱动模块获得伺服驱动装置的工作状态,与保存在系统参数 par_config 中的设定参数比较,如果超过设定值,通过系统信息 gl_sys_info.drive_alarm 产生故障报警号,它的数字同时表示了故障类型的编号。系统运行管理模块负责故障处理和显示。

2. 状态监视模块

状态监视模块输入接口连接伺服位置指令数据电缆 cable_drive_pos 和伺服状态数据电缆 cable_drive_monitor,其输出接口连接系统信息数据 gl_sys_info。

(1) 输入/输出数据

以下是状态监视模块的输入/输出的定义：

```
FUNCTION_BLOCK _drive_monitor
VAR_INPUT
    drive_state:_cable_drive_monitor;
    drive_pos:_cable_drive_pos;
END_VAR
VAR_OUTPUT
    link:BOOL;
    alarm_number:WORD;
    alarm_axis:WORD;
END_VAR
```

各部分变量的说明如下。

① 输入变量

- drive_state：伺服和主轴驱动单元的状态,由数据电缆 cable_drive_monitor(参见 7.4.1(4))连接现场总线通信模块,使用以下变量元素：
  - pos：伺服电机位置；
  - speed：伺服电机速度；
  - torque：伺服电机转矩；
  - spindle_speed：主轴转速；
  - spindle_torque：主轴转矩。
- drive_pos：进给轴指令位置,由数据电缆 cable_drive_pos 连接机床传动匹配模块；
- mark：连接系统配置参数的标示,使用系统配置参数 par_config 的相关元素：
  - following_err：伺服跟踪误差允许值；
  - max_drive_speed：最高进给速度；
  - max_drive_torque：最大进给转矩；

- max_spindle_speed：最高主轴转速；
- max_spindle_torque：最大主轴转矩；
- max_spindle_power：最大主轴功率。

② 输出变量
- link：与总线通信模块 drive_comm 连接的图形标识；
- alarm_number：伺服故障报警号，写到系统信息 gl_sys_info(7.2(5))；
- alarm_axis：发生故障报警的伺服轴编号，写到系统信息 gl_sys_info。

(2) 示例程序片段

以下是伺服跟踪误差监视的示例程序片段：

```
FOR i:=1 TO MAX_AXIS BY 1 DO
    IF ABS(drive_pos.pos[i]-drive_state.pos[i])>par_config.following_err[i] THEN
        alarm_number:=FOLLOWING_ERR_EXCEED;
        alarm_axis:=i;
    END_IF
END_FOR
```

本段程序的主要功能是：由进给轴 i 的位置指令 drive_pos.pos[i]和进给轴 i 的实际位置 drive_state.pos[i]计算跟踪误差，当跟踪误差大于设定的允许值 par_config.following_err[i]时，产生故障报警号 FOLLOWING_ERR_EXCEED 和报警轴号 i：

```
alarm_number:=FOLLOWING_ERR_EXCEED;
alarm_axis:=i;
```

报警号 FOLLOWING_ERR_EXCEED 在全局常数变量 VAR_GLOBAL CONSTANT（参见 7.1 节）中定义。

6.5.9 PLC 控制

图 6.66 所示是 PLC 控制功能模块和相关控制模块的功能块图程序。数控加工程序中的辅助功能控制指令 M、N、S、T 经过译码器译码，写入控制指令缓冲区 gl_control_block_fifo.plc_block。控制指令缓冲区读取功能块 read_control_block 将 PLC 指令通过数据电缆 cable_plc_block 输出到 PLC 控制模块。PLC 控制模块通过数据电缆 cable_plc_io 连接现场总线驱动模块 device_com，通过现场总线操作机床辅助控制设备，以及从机床读入传感器信号和开关信号，例如行程开关等。

1. 输入和输出变量

PLC 控制模块的输入、输出和输入输出变量的定义如下：

```
FUNCTION_BLOCK _plc
VAR_INPUT
  mark:STRING;
```

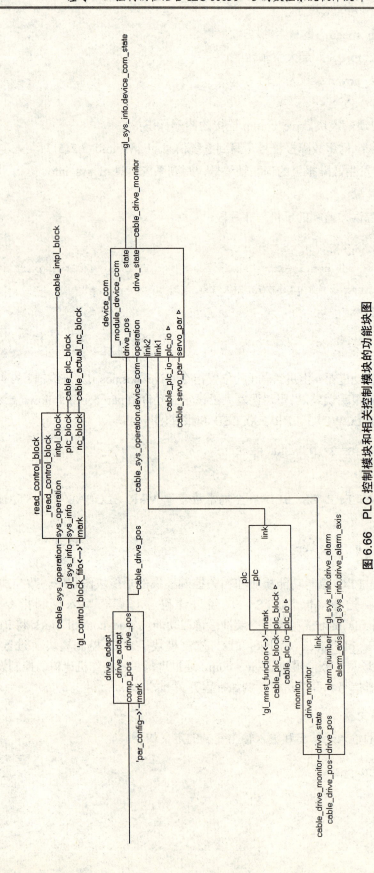

图 6.66 PLC 控制模块和相关控制模块的功能块图

```
END_VAR
VAR_OUTPUT
   link:BOOL;
END_VAR
VAR_IN_OUT
   plc_io:_cable_plc_io;
   plc_block:_cable_plc_block;
END_VAR
```

各部分变量的说明如下。

(1) 输入变量

- mark：变量标记，表示使用涉及辅助控制功能的全局变量 gl_mnst_function，其数据结构在 7.2(3) 中定义。

(2) 输出变量

- link：用于建立与现场总线驱动模块 device_com 的图形连接。

(3) 输入输出变量

- plc_io：连接现场总线驱动模块 device_com，使用数据电缆 cable_plc_io，其数据结构在 7.4.1(8) 中定义。
- plc_block：PLC 指令，连接数据电缆 cable_plc_block，其数据结构在 7.4.2(3) 中定义。

2. 程序示例

一个涉及冷却液开关的 PLC 示例程序片段如下：

```
…
FOR i:=1 TO MAX_M_CODE_IN_BLOCK DO
   CASE plc_block.m_code[i] OF
      7:  plc_io.out[1].2:=1;
          gl_mnst_function.m0789:=7;
          plc_block.m_code[i]:=0;
      9:  plc_io.out[1].2:=0;
          gl_mnst_function.m0789:=9;
          plc_block.m_code[i]:=0;
      …
   END_CASE
…
END_FOR
```

以译码器发出 m07 指令为例，示例程序执行以下控制功能：

(1) 从译码器指令 plc_block.m_code[i]中搜索 m07 代码；

(2) 如果发现 m07 代码，即 plc_block.m_code[i]=7，则发出冷却泵启动命令：plc_io.out[1].2:=1；冷却泵启动控制开关连接在 PLC 输出接口端子 1.2 上，对应 PLC 与现场总线连接数据电缆 cable_plc_io.out[1].2；

(3) 在系统 PLC 变量中记录 m0789 的状态：gl_mnst_function.m0789:=7，供系统其他模块使用；

(4) 清除译码器控制指令 m07：plc_block.m_code[i]:=0，表示命令已经被执行。

类似 m07 情况，如果译码器发出 m09 指令，示例程序执行以下控制功能：

(1) 从译码器指令 plc_block.m_code[i]中搜索 m09 代码；

(2) 如果发现 m09 代码，即 plc_block.m_code[i]=9，则发出冷却泵关闭命令，plc_io.out[1].2:=0；

(3) 在系统 PLC 变量中记录 m0789 的状态：gl_mnst_function.m0789:=9，供系统其他模块使用；

(4) 清除译码器控制指令 m09：plc_block.m_code[i]:=0，表示命令已经被执行。

6.6 操作与运行管理

6.6.1 操作和显示(HMI)

数控机床操作和显示任务由人机操作交互界面(HMI，Human Machine Interface)完成，本书提供一个简化的操作和显示示例，包括如下 4 个方面的主要功能。

(1) 工作方式选择和运行操作
- 自动循环；
- 手动进给(Jog)；
- 数控加工程序的输入和编辑；
- 加工参数的输入和编辑(刀具数据、坐标系偏移数据)；
- 系统配置参数的输入和编辑；
- 手动进给轴选择(X、Y、Z…)。

(2) 显　示
- 软菜单选择键；
- 数控加工程序；
- 系统配置参数；
- 加工参数；
- 坐标轴位置(X、Y、Z…)。

- 当前执行数控程序段。

(3) 操作界面的切换

- 如图 6.67 所示：主操作界面，可以选择自动循环、手动、数控加工程序编辑、加工参数编辑和系统配置参数编辑子菜单；
- 如图 6.68 所示：自动循环界面，可以显示当前机床坐标系位置和运行中的数控加工程序；
- 如图 6.69 所示：手动操作界面，可以选择坐标轴、显示当前机床坐标位置；
- 如图 6.70 所示：数控加工程序编辑界面，可以打开、编辑、保存数控加工程序，设定自动运行的数控加工程序；
- 如图 6.71 所示：加工参数编辑功能下的刀具参数设定界面，可以打开、编辑、保存刀具参数；
- 如图 6.72 所示：加工参数编辑功能下的机床坐标系参数设定界面，可以打开、编辑、保存机床坐标系参数；
- 如图 6.73 所示：系统配置参数编辑界面，可以打开、编辑、保存机床和控制系统配置参数。

(4) 文件的编辑和管理

- 数控加工程序；
- 系统配置参数；
- 加工参数；
- 伺服参数。

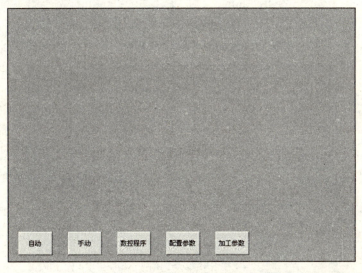

图 6.67　主操作界面

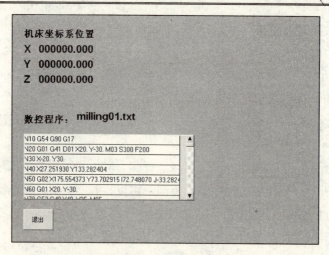

图 6.68　自动循环界面

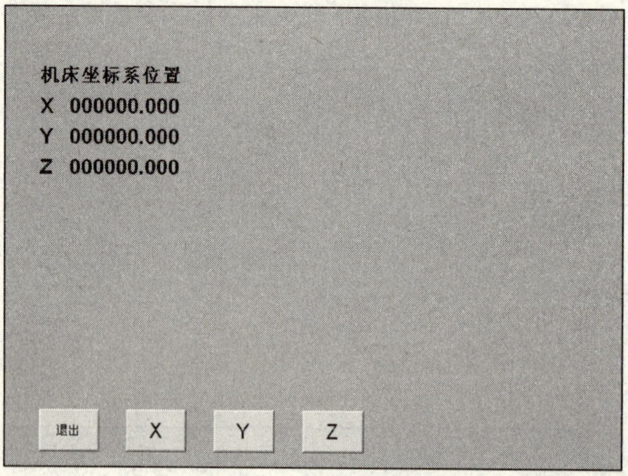

图 6.69　手动操作界面

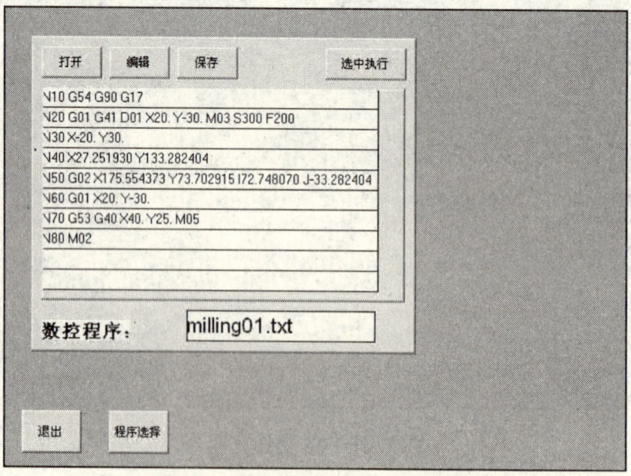

图 6.70　数控加工程序编辑界面

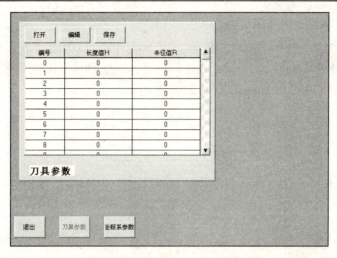

图 6.71 刀具参数设定界面

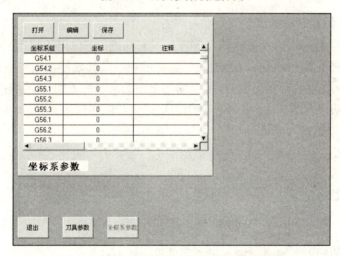

图 6.72 机床坐标系参数设定界面

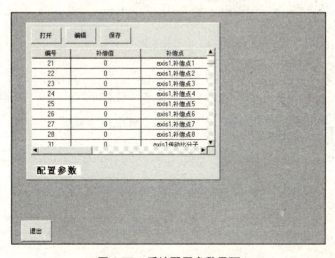

图 6.73 系统配置参数界面

1. 操作和显示界面的程序结构

操作和显示界面示例程序在系统任务 task_hmi 中运行(如图 6.2 和图 6.74 所示)。task_hmi 包含功能模块 hmi_call。hmi_call 调用操作和显示界面功能库模块 hmi_lib。操作和显示界面的程序在功能库 hmi_lib 的功能模块 module_hmi 中实现。

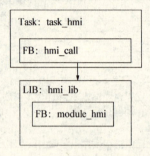

图 6.74 显示和操作界面的程序结构

2. 操作和显示界面的编程

作者使用的 CoDeSys 编程系统具有可视化编程功能,可以用于编写操作和显示界面的程序。可视化编程工具不是 IEC 61131-3 的标准功能,其功能由编程系统供应商自行定义。使用 CoDeSys 提供的可视化控件,可以编写出图 6.67~图 6.73 所示的操作和显示界面,以及完成界面的切换控制。显示和操作界面的运行由功能库模块 module_hmi 实现,它的输入/输出接口示例如图 6.75 所示:

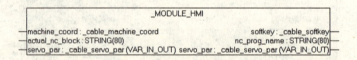

图 6.75 操作和显示界面功能库

本示例程序的输入、输出、输入输出变量定义如下:

```
FUNCTION_BLOCK _module_hmi
VAR_INPUT
    machine_coord:_cable_machine_coord;
    actual_nc_block:STRING;
END_VAR
VAR_OUTPUT
    softkey:_cable_softkey;
    nc_prog_name:STRING;
END_VAR
VAR_IN_OUT
    servo_par:_cable_servo_par
END_VAR
```

各部分变量的说明如下。

(1) 输入变量

● machine_coord:使用数据电缆 cable_machine_coord 定义,用于在操作界面显示机床坐标系位置(X、Y、Z)，如图 6.68 和图 6.69 所示。数据电缆 cable_machine_coord.pos[i] 提供机床坐标轴位置；
- actual_nc_block：使用 STRING 定义，来自读控制指令功能块 read_control_block（如图 6.4 和图 6.26 所示），提供当前系统正在运行中的数控程序段内容，显示在图 6.68 的数控程序窗口中。

(2) 输出变量
- softkey：由数据电缆 cable_softkey 定义（参见 7.4.2(5)），它的变量 cable_softkey.index[i,j] 指示出当前操作界面状态，即系统的工作方式和操作选择状态，如图 6.76 所示。例如：在主界面触摸屏按下第 2 个按钮控件（手动），进入手动操作界面，module_hmi 模块产生状态指示：softket.index[2,0]=TRUE；在此情况下如果按下第 3 个按钮控件（选择 Y 轴），module_hmi 模块产生状态指示：softket.index[2,3]=TRUE；
- nc_prog_name：由 STRING 数据类型定义，输出在数控程序编辑界面中（如图 6.70 所示）选定的待运行的数控加工程序名，系统启动自动循环后，数控程序预处理模块按照此程序名打开数控加工程序文件，完成译码，并提供给后续的插补模块执行。

由于可视化编程工具不是 IEC 61131-3 的标准功能，其功能由编程系统供应商自行定义，本书略去 module_hmi 的详细编程方法介绍。

(3) 输入输出变量
- servo_par：由数据电缆_cable_servo_par 定义（参见 7.4.2(4)），用于读写伺服参数，提供伺服参数编号和数值。

3. 操作和显示界面的运行调用

系统任务 task_hmi 通过功能模块 hmi_call 调用操作和显示界面（如图 6.2 所示），hmi_call 的功能块图如图 6.77 所示。

示例程序输入、输出、输入输出变量定义如下：

```
FUNCTION_BLOCK _hmi_call
VAR_INPUT
   machine_coord:_cable_machine_coord;
   actual_nc_block:_cable_actual_nc_block;
   mark1:STRING;
   mark2:STRING;
   mark3:STRING;
   mark4:STRING;
END_VAR
VAR_IN_OUT
   servo_par:_cable_servo_par;
END_VAR
VAR_OUTPUT
   softkey:_cable_softkey;
   nc_prog_name:STRING;
END_VAR
```

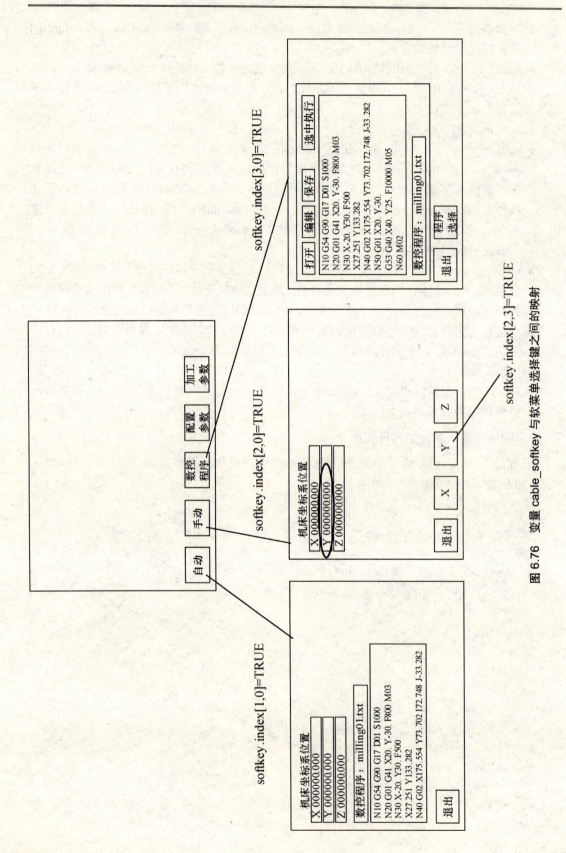

图 6.76 变量 cable_softkey 与软菜单选择键之间的映射

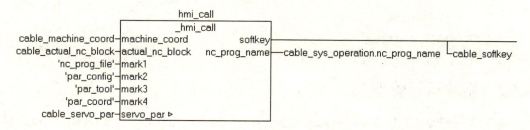

图 6.77 hmi_call 的功能块图

各部分变量的说明如下。

(1) 输入变量

- machine_coord：同上一节"2. 操作和显示界面的编程"中的输入变量 machine_coord；
- actual_nc_block：由_cable_actual_nc_block 定义（参见7.4.1(1)），其内容是当前系统正在运行中的数控程序段；
- mark1:STRING：标记，表示编辑数控加工程序；
- mark2:STRING：标记，表示编辑系统配置参数；
- mark3:STRING：标记，表示编辑刀具参数；
- mark4:STRING：标记，表示编辑编程坐标系参数。

(2) 输出变量

- softkey：由数据电缆cable_softkey定义，参见7.4.2(5)部分，它的变量cable_softkey.index[i,j]指示出当前操作界面状态，即系统的工作方式选择状态，如图6.76所示。例如：在主界面触摸屏按下第 2 个按钮控件（手动），进入手动操作界面，module_hmi 模块产生状态指示 softket.index[2,0]=TRUE;在此情况下如果按下第 3 个按钮控件（"选择 Y 轴"），module_hmi 模块产生状态指示 softket.index[2,3]=TRUE；
- nc_prog_name：由 STRING 数据类型定义，输出由数控程序编辑界面（如图 6.70 所示）选定的待运行的数控加工程序名，通过数据电缆 cable_read_prog 连接数控加工程序预处理功能库 pre_prog_lib 的数控加工程序读入模块 read_prog（如图 6.3 所示）。系统自动循环运行启动后，数控程序预处理模块按照此程序名打开数控加工程序文件，完成译码，并提供给后续的插补模块执行。

(3) 输入输出变量

- servo_par：由数据电缆_cable_servo_par 定义，连接现场总线驱动模块 device_com（如图 6.65 所示），用于读写伺服参数，提供伺服参数和数值。

(4) 示例程序片段

对操作和显示界面模块的调用由以下语句完成：

```
module_hmi(
    machine_coord:=machine_coord,
    actual_nc_block:= actual_nc_block.text,
```

```
            servo_par:= servo_par,
            softkey=> softkey,
            nc_prog_name=>nc_prog_name );
```

6.6.2 系统运行管理

系统运行管理功能模块 sys_manager 接收来自系统人机操作界面模块(HMI)和 PLC 接口的机床操作命令,控制整个系统的运行和运行方式控制,包括:
- 数控程序预处理(数控加工程序读入、译码…);
- 运动控制(插补、坐标变换…);
- 插补程序的连续运行;
- 循环启动(START);
- 进给保存(FEEDHOLD);
- 加工继续(CONTINUE);
- 停止运行(STOP);
- 手动进给轴选择(X、Y、Z…);
- 手动进给(JOG+、JOG-)。

图 6.78 表示系统运行管理功能模块 sys_manager 与操作显示界面、数控加工程序预处理、运动和 PLC 控制任务功能模块的数据连接关系。

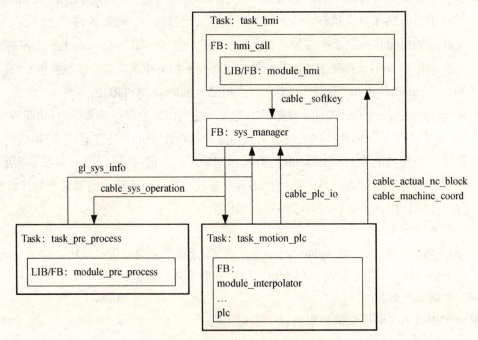

图 6.78 运行管理任务的结构和数据流

图 6.79 是系统运行管理模块的功能块图示例。

第 6 章 数控系统软件设计

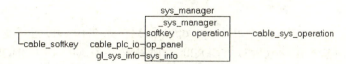

图 6.79 系统运行管理模块的功能块图

1. 输入/输出变量

系统运行管理功能模块输入/输出变量定义如下：

```
FUNCTION_BLOCK _sys_manager
VAR_INPUT
    softkey:_cable_softkey;
    op_panel:_cable_plc_io;
    sys_info:_gl_sys_info;
END_VAR
VAR_OUTPUT
    operation:_cable_sys_operation;
END_VAR
```

各部分变量的说明如下。

（1）输入变量

- softkey：通过数据电缆 cable_softkey 连接人机操作界面模块 hmi_call，获得来自操作界面的操作命令：自动循环、手动进给、进给轴 X、Y、Z 选择……；
- sys_info：通过系统全局变量 gl_sys_info 获得当前系统运行状态：插补器运行（ST_WORKING_ON）、插补器暂停（ST_FEEDHOLD）、插补结束（ST_FINISH）、插补器空闲（ST_NULL）……；
- op_panel：通过数据电缆 cable_plc_io 连接 PLC 控制模块（如图 6.66 所示），获得来自机床操作面板的操作命令：循环启动（START）、插补暂停（FEEDHOLD）、插补继续（CONTINUE）、进给倍率（OVERRIDE）……。PLC 控制模块通过总线驱动模块连接机床操作面板。

图 6.80 是机床操作面板与 PLC 输入接口的连接示意图。

PLC 输入接口　　　　　　　　　　机床操作面板

图 6.80 机床操作面板与 PLC 输入接口的连接

(2) 输出变量
- **operation**：通过数据电缆 cable_sys_operation（参见 7.4.1(9)）向其他功能模块发出控制命令：循环启动(CMD_START)、插补暂停(CMD_FEEDHOD)、插补继续(CMD_CONTINUE)。

2. 示例程序片段

以下是一个系统运行管理功能模块的示例程序片段：

```
(*-- softkey/system run mode --*)
IF softkey.index[1,0]=TRUE THEN
        (*-- automatic mode --*)
            cable_sys_operation.mode:=OP_AUTOMATIC;
ELSIF softkey.index[2,0]=TRUE THEN
        (*-- hand/jog operation mode --*)
            cable_sys_operation.mode:=OP_HAND;
        (*-- axis select --*)
            IF softkey.index[2,2]=TRUE THEN
                cable_sys_operation.jog_axis:=1;
            ELSIF softkey.index[2,3]=TRUE THEN
                cable_sys_operation.jog_axis:=2;
            ELSIF softkey.index[2,4]=TRUE THEN
                cable_sys_operation.jog_axis:=3;
            END_IF
ELSIF softkey.index[3,0]=TRUE THEN
        (*-- nc program edit --*)
            cable_sys_operation.mode:=OP_EDIT;
ELSIF softkey.index[4,0]=TRUE THEN
        (*-- working parameter/tool/coordinate edit --*)
            cable_sys_operation.mode:=OP_EDIT;
ELSIF softkey.index[5,0]=TRUE THEN
        (*-- configuration parameter edit --*)
            cable_sys_operation.mode:=OP_EDIT;
END_IF
(*-- operating panel/plc_io --*)
IF op_panel.in[1].1=TRUE THEN
    operation.intpl_operation:=CMD_START;
ELSIF op_panel.in[1].2=TRUE THEN
    operation.intpl_operation:=CMD_FEEDHOLD;
ELSIF op_panel.in[1].3=TRUE THEN
    operation.intpl_operation:=CMD_CONTINUE;
```

```
END_IF
(*-- override --*)
operation.override:=op_panel.in[2]*10;
(*-- jog button--*)
operation.jog_plus:=op_panel.in[3].1;
operation.jog_minus:=op_panel.in[3].2;
```

本示例程序的主要功能如下:

(1) 通过数据电缆 softkey.index 接口从人机操作界面读入系统工作方式的命令如下:

● 自　动

```
IF softkey.index[1,0]=TRUE THEN
    cable_sys_operation.mode:=OP_AUTOMATIC;
```

● 手　动

```
ELSIF softkey.index[2,0]=TRUE THEN
      cable_sys_operation.mode:=OP_HAND;
```

● 手动进给轴选择(例如选择第一轴)

```
IF softkey.index[2,2]=TRUE THEN
    cable_sys_operation.jog_axis:=1;
```

● 编辑(例如数控加工程序)

```
ELSIF softkey.index[3,0]=TRUE THEN
      cable_sys_operation.mode:=OP_EDIT;
```

(2) 通过数据电缆 plc_io 从 PLC 接口读入机床操作面板控制命令,并通过数据电缆 cable_sys_operation 发出系统控制命令。

表 6.4 是本例中机床操作面板按钮与 PLC 输入接口的连接地址。

表 6.4　机床操作面板按钮与 PLC 输入接口的连接地址

PLC-IN 接口地址	操作按钮
plc_io.in[1].1	循环启动 START
plc_io.in[1].2	插补暂停 FEEDHOLD
plc_io.in[1].3	插补继续 CONTINUE
plc_io.in[2].1~10	进给倍率(OVERRIDE)
plc_io.in[3].1	手动进给 JOG+
plc_io.in[3].1	手动进给 JOG-

(3) 运行控制。
- 循环启动(CMD_START)、插补暂停(CMD_FEEDHOLD)、插补继续(CMD_CONTINUE);

```
IF op_panel.in[1].1=TRUE THEN
    operation.intpl_operation:=CMD_START;
ELSIF op_panel.in[1].2=TRUE THEN
    operation.intpl_operation:=CMD_FEEDHOLD;
ELSIF op_panel.in[1].3=TRUE THEN
    operation.intpl_operation:=CMD_CONTINUE;
```

- 进给倍率(OVERRIDE)

```
operation.override:=op_panel.in[2]*10;
```

表示进给倍率分为 1~10 档,每档对应 10%。

- 手动进给(JOG+/-)

```
operation.jog_plus:=op_panel.in[3].1;
operation.jog_minus:=op_panel.in[3].2;
```

第7章 系统数据定义

系统数据由常数全局变量 VAR_GLOBAL CONSTANT 和普通全局变量 VAR_GLOBAL 组成。在普通全局变量基础上定义了数据电缆、组件变量、系统配置参数、系统信息变量的数据类型，供相关功能模块使用，提供功能模块之间的数据交换元素，它们是构建结构化数控系统软件的基础数据结构。图 7.1 是数控系统软件的数据结构。系统由主程序 nc_kernel、功能库 pre_process_lib、hmi_lib 和全局数据功能库 sys_lib 组成。每个功能库拥有自己的全局变量 VAR_GLOBAL 和数据类型 DATA_TYPE。这些数据结构关系如下：

全局数据功能库 sys_lib 的全局变量 VAR_GLOBAL 和数据类型 DATA_TYPE（图 7.1 中的④）可以供主程序 nc_kernel、数控加工程序预处理功能库 pre_process_lib、操作和系统运行管理功能库 hmi_lib 使用；主程序的全局变量和数据类型（图 7.1 中的①）供主程序使用。

数控加工程序预处理功能库 pre_process_lib 的全局变量 VAR_GLOBAL 和数据类型 DATA_TYPE（图 7.1 中的②）可以供主程序 nc_kernel 使用。

操作和系统运行管理功能库 hmi_lib 的全局变量 VAR_GLOBAL 和数据类型 DATA_TYPE（图 7.1 中的③）可以供主程序 nc_kernel 使用。

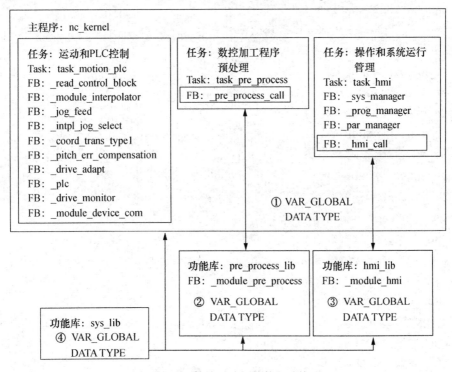

图 7.1 数控系统软件数据结构

7.1 常数全局变量

系统常数全局变量在全局数据功能库 sys_lib 中定义(图 7.1 中的④),为数控系统软件程序提供一致的编译参数、系统运行命令代码、系统状态代码、系统工作方式代码、系统配置代码、固定数值,增强程序的可读性,便于修改。

```
VAR_GLOBAL CONSTANT
  (*-- system configuration --*)
  MAX_AXIS:WORD:=8;
  MAX_PITCH_COMP_POINT:WORD:=128;
  MAX_PLC_PORT:WORD:=8;
  MAX_COORD_SHIFT:WORD:=7;
  PROG_FIFO_SIZE:WORD:=100;
  CONTROL_BLOCK_FIFO_SIZE:WORD:=10;
  MAX_TOOL_COMP:WORD:=100;
  NUMBER_OF_READ_PROG_BLOCK:WORD:=10;
  NUMBER_OF_WRITE_CONTROL_BLOCK:WORD:=4;
  MAX_M_CODE_IN_BLOCK:WORD :=20;
  MAX_SOFTKEY:WORD:=8;
  (*-- system state definition --*)
  ST_NULL:WORD:=0;
  ST_READY: WORD:=1;
  ST_WORKING_ON: WORD:=2;
  ST_FEEDHOLD: WORD:=3;
  ST_FINISH: WORD:=5;
  ST_CONTINUE: WORD:=6;
  ST_ERROR: WORD:=10;
  ST_STOP:WORD:=9;
  (*-- system command --*)
  CMD_NULL:WORD:=0;
  CMD_PREPARE: WORD:=1;
  CMD_WORKING_ON: WORD:=2;
  CMD_FEEDHOLD: WORD:=3;
  CMD_CONTINUE: WORD:=6;
  CMD_START:WORD:=7;
  CMD_INIT:WORD:=8;
  CMD_PAR_READ:WORD:=10;
  CMD_PAR_WRITE:WORD:=11;
```

第7章 系统数据定义

```
(* operration mode *)
OP_AUTOMATIC:WORD:=1;
OP_HAND:WORD:=2;
OP_REFERENC:WORD:=3;
OP_MDI:WORD:=4;
OP_EDIT:WORD:=5;
OP_DIAGNOSIS:WORD:=10;
(*-- module configuration --*)
(*-- coordinate transformation mode --*)
TRANS_TYPE_NULL:WORD:=0;
TRANS_TYPE_1:WORD:=1;
TRANS_TYPE_2:WORD:=2;
TRANS_TYPE_3:WORD:=3;
(*-- constant --*)
DIV_60:REAL:=0.0166666666666666;    (*-- 1/60 1/min to 1/second--*)
(*alarm*)
FOLLOWING_ERR_EXCEED:WORD:=10001;
END_VAR
```

根据相应的不同功能，常数全局变量可以分为如下 4 类。

（1）编译参数（system configuration）

表 7.1 是程序编译和运算时所需要的固定数值。

表 7.1 编译参数

名 称	数 值	功 能
MAX_AXIS	1~8	系统的最大控制进给轴数，在程序中用于与进给轴相关数组变量定义，以及在进给轴变量计算中使用
MAX_PITCH_COMP_POINT	128	螺距误差补偿点数目
MAX_PLC_PORT	8	PLC-I/O 接口数目
MAX_COORD_SHIFT	7	可设置工件坐标系数目
PROG_FIFO_SIZE	100	数控程序预读缓冲区 FIFO 容量
CONTROL_BLOCK_FIFO_SIZE	10	数控程序预处理(译码)缓冲区 FIFO 容量
MAX_TOOL_COMP	100	刀具补偿参数数目
NUMBER_OF_READ_PROG_BLOCK	10	数控程序段预读数目
NUMBER_OF_WRITE_CONTROL_BLOCK	4	数控程序段预处理(译码)数目
MAX_M_CODE_IN_BLOCK	20	数控程序段包含的最大 M 指令数目
MAX_SOFTKEY	8	SOFTKEY 数目

(2) 系统工作状态代码(system state)

表 7.2 表示功能模块的运行状态。

表 7.2 系统工作状态代码

名 称	数 值	功 能
ST_NULL	0	功能模块处于空闲状态,可以接收新的工作命令
ST_READY	1	功能模块处于准备就绪状态,允许转为工作状态(ST_WORKING_ON)
ST_WORKING_ON	2	功能模块处于工作状态
ST_FEEDHOLD	3	功能模块处于进给保持状态,主要用于插补器控制
ST_FINISH	5	功能模块完成设定的命令
ST_CONTINUE	6	功能模块处于从进给保持状态退出继续执行插补运算状态,用于插补器控制
ST_STOP	9	功能模块完成任务中断命令
ST_ERROR	10	功能模块出现运算错误

(3) 系统运行命令代码(system command)

表 7.3 是系统运行管理模块发出的系统运行命令。

表 7.3 系统运行命令

名 称	数 值	功 能
CMD_NULL	0	清除功能模块当前状态(复位)
CMD_PREPARE	1	向功能模块发出准备运行命令
CMD_WORKING_ON	2	向功能模块发出运行命令
CMD_FEEDHOLD	3	向功能模块发出进给保持命令,用于插补模块
CMD_CONTINUE	6	向功能模块发出继续运行命令,用于插补模块
CMD_START	7	向功能模块发出启动命令
CMD_INIT	8	向功能模块发出初始化命令

(4) 系统工作方式代码(operation mode)

表 7.4 是系统人机操作界面模块发出的系统工作方式代码。

表 7.4 系统工作方式代码

名 称	数 值	功 能
OP_AUTOMATIC	1	自动
OP_HAND	2	手动
OP_REFERENCE	3	回参考点

续表7.4

名 称	数 值	功 能
OP_MDI	4	MDI
OP_EDIT	5	编辑
OP_DIAGNOSIS	6	诊断

(5) 模块配置代码(module configuration)

功能模块可能具有多种控制功能，使用模块配置代码设置系统参数，可以选择其中的控制功能。例如：坐标变换模块(coordinate transformation mode)包含针对多种机床布局结构的坐标变换计算公式，使用模块配置代码可以定义坐标变换类型。表 7.5 是坐标变换模块配置代码的定义。

表7.5 模块配置代码

名 称	数 值	功 能
TRANS_TYPE_NULL	0	不使用坐标变换
TRANS_TYPE_1	1	坐标变换类型1
TRANS_TYPE_2	2	坐标变换类型2
TRANS_TYPE_3	3	坐标变换类型3

(6) 计算常数(constant for calculation)

表 7.6 是计算常数。

表7.6 计算常数

名 称	数 值	用 途
DIV_60	0.0166666666666666	用于分/秒时间转换(1/60)

(7) 报警号常数(alarm)

表 7.7 是报警号常数。

表7.7 报警号常数

名 称	数 值	用 途
FOLLOWING_ERR_EXCEED	10001	跟踪误差超差的报警号

7.2 系统全局变量

系统变量在全局数据功能库 sys_lib 中定义(图 7.1 中的④)，用于保存系统的公共运行数据，由结构体定义，作为全局变量使用。根据不同功能，系统全局变量可以分为如下 5 类。

(1) 控制指令缓冲区 FIFO

```
TYPE _gl_control_block_fifo :
  STRUCT
    read_pointer:WORD;
    write_pointer:WORD;
    intpl_block:ARRAY [1..CONTROL_BLOCK_FIFO_SIZE] OF _cable_intpl_block;
    plc_block:ARRAY [1..CONTROL_BLOCK_FIFO_SIZE] OF _cable_plc_block;
  END_STRUCT
END_TYPE
```

表 7.8 是 gl_control_block_fifo 的元素定义。

表 7.8　gl_control_block_fifo 的元素定义

元　素	功　能
read_pointer	FIFO 读指针
write_pointer	FIFO 写指针
intpl_block	插补指令，使用 _cable_intpl_block 数据类型定义
plc_block	PLC 指令，使用 _cable_plc_block 数据类型定义
CONTROL_BLOCK_FIFO_SIZE	数据缓冲区 FIFO 容量

(2) 准备机能译码数据

译码器输出的准备机能数据，与插补功能指令相关。

```
TYPE _gl_gdf_function :
  STRUCT
    g0123:WORD;
    g1789:WORD;
    g4012:WORD;
    g53_9:WORD;
    g07:WORD;
    g501:WORD;
    g689:WORD;
    g439:WORD;
    d:WORD;
    h:WORD;
    f:REAL;
  END_STRUCT
END_TYPE
```

表 7.9 是 gl_gdf_function 的元素定义。

表 7.9 gl_gdf_function 的元素定义

元 素	功 能
g0123	1：G01 直线插补 2：G02 顺时针圆弧插补 3：G03 逆时针圆弧插补
g1789	17：G17 $X-Y$ 平面插补 18：G18 $Z-X$ 平面插补 19：G19 $Y-Z$ 平面插补
g4012	40：G40 取消刀具半径补偿 41：G41 刀具半径左侧偏移 42：G42 刀具半径右侧偏移
g53_9	53：G53 指定的工件坐标系偏移量有效 54：G54 指定的工件坐标系偏移量有效 ⋮ 59：G59 指定的工件坐标系偏移量有效
g07	其他类型插补功能
g501	50：G50 取消比例缩放、镜像映射变换功能 51：G51 使能比例缩放、镜像映射变换功能
g689	68：G68 使能工件旋转变换功能 69：G69 取消工件旋转变换功能
g439	43：G43 刀具长度补偿有效 49：G49 取消刀具长度补偿
d	刀具半径补偿号
h	刀具长度补偿号
f	编程进给速度值

（3）辅助机能数据

用于保存当前辅助机能状态的系统变量。

```
TYPE _gl_mnst_function :
   STRUCT
      m012:WORD;
      m0345:WORD;
      m06:WORD;
      m0789:WORD;
      n:DWORD;
```

```
    t:WORD;
    speed:REAL;
  END_STRUCT
END_TYPE
```

表 7.10 是 gl_mnst_function 的元素定义。

表 7.10 gl_mnst_function 的元素定义

元素	功能
m012	0：M00 程序暂停 1：M01 选择停 2：M02 程序结束
m0345	3：M03 主轴正转启动 3：M04 主轴反转启动 3：M05 主轴停
m0789	7：M07 一号冷却液开 8：M08 二号冷却液开 9：M09 冷却液关
m06	6：M06 换刀
n	程序段序号
speed	主轴转速值
t	指定的新刀具号

(4) 数控加工程序预读缓冲区 FIFO

用于保存预读的数控加工程序段。

```
TYPE _gl_prog_fifo :
  STRUCT
    prog_name:STRING;
    prog_pointer:DWORD;
    read_pointer:WORD;
    write_pointer:WORD;
    nc_block:ARRAY[1..PROG_FIFO_SIZE] OF STRING;
  END_STRUCT
END_TYPE
```

表 7.11 是 gl_prog_fifo 的元素定义。

第7章 系统数据定义

表 7.11 gl_prog_fifo 的元素定义

元 素	功 能
prog_name	数控加工程序名称
prog_pointer	读数控加工程序指针
read_pointer	程序缓冲队列 FIFO 读指针
write_pointer	程序缓冲队列 FIFO 写指针
nc_block	程序缓冲队列 FIFO 内容(数控加工程序语句)
PROG_FIFO_SIZE	程序缓冲队列 FIFO 容量(系统全局常数)

（5）系统信息

通过系统信息，功能模块和组件向系统运行管理模块发送其当前的工作状态。

```
TYPE _gl_sys_info :
  STRUCT
    decode_info:WORD;
    intpl_info:WORD;
    jog_info:WORD;
    device_com_state:WORD;
    drive_alarm:WORD;
    drive_alarm_axis:WORD;
  END_STRUCT
END_TYPE
```

表 7.12 是 gl_sys_info 的元素定义。

表 7.12 gl_sys_info 的元素定义

元 素	功 能
decode_info	数控程序预处理模块状态
intpl_info	插补器组件 interpolator 输出当前工作状态
jog_info	手动进给模块 jog_feed 输出当前工作状态
device_com_state	总线驱动模块 device_com 输出当前工作状态
drive_alarm	伺服监视模块 monitor 输出伺服驱动报警
drive_alarm_axis	伺服监视模块 monitor 输出产生报警的伺服轴号

7.3 参　数

7.3.1 配置参数

通过系统配置参数使数控系统与机床功能、结构、进给传动、伺服装置、伺服电机、现场总线、外部设备辅助设备正确匹配。

使用一个数控系统平台，能够方便地控制多种类型和规格的机床。配置参数保存在硬盘或 flash 存储器中，由参数管理功能模块管理，在人机操作界面进行显示和修改。系统配置参数在系统数据结构功能库 sys_lib（图 7.1 中的④）中定义。

```
TYPE _par_config :
   STRUCT
      axis_numbers:WORD;
      path_acceleration:REAL;
      max_jog_speed:ARRAY[1..MAX_AXIS] OF REAL;
      jog_acceleration:ARRAY[1..MAX_AXIS] OF REAL;
      coord_trans_type:WORD;
      Lsp:REAL;
      pitch_err_comp_value:ARRAY[1..MAX_AXIS,1..MAX_PITCH_COMP_POINT]
               OF REAL;
      pitch_err_comp_interval:ARRAY[1..MAX_AXIS] OF REAL;
      k_num:ARRAY[1..MAX_AXIS] OF REAL;
      k_den:ARRAY[1..MAX_AXIS] OF REAL;
      k_rd:ARRAY[1..MAX_AXIS] OF REAL;
      following_err:ARRAY[1..MAX_AXIS] OF REAL;
      max_drive_speed:ARRAY[1..MAX_AXIS] OF REAL;
      max_drive_torque:ARRAY[1..MAX_AXIS] OF REAL;
      max_spindle_speed:REAL;
      max_spindle_torque:REAL;
      max_spindle_power:REAL;
   END_STRUCT
END_TYPE
```

表 7.13 是配置参数 par_config 的元素定义。

表 7.13　配置参数 par_config 的元素定义

元　素	功　能
axis_numbers	当前系统配置使用的控制轴数

续表 7.13

元 素	功 能
path_acceleration	运动加速度值
max_jog_speed	最高手动进给速度
coord_trans_type	坐标变换类型
Lsp	坐标变换使用的机床参数
pitch_err_comp_value	螺距误差补偿值
pitch_err_comp_interval	螺距误差补偿间隔
k_num	进给轴传动比分子
k_den	进给轴传动比分母
k_rd	系统控制分辨率
following_err	伺服跟踪误差允许值
max_drive_speed	最高进给速度
max_drive_torque	最大进给转矩
max_spindle_speed	最高主轴转速
max_spindle_torque	最大主轴转矩
max_spindle_power	最大主轴功率
MAX_AXIS	系统最大控制轴数(常数全局变量)
MAX_PITCH_COMP_POINT	螺距误差补偿点数目(常数全局变量)

7.3.2 系统参数

通过系统参数，设置系统运行的基本参数，供系统内部计算使用。例如：插补周期等，其定义如下：

```
TYPE _par_sys :
   STRUCT
      intpl_cycle:REAL;   (*-- second --*)
   END_STRUCT
END_TYPE
```

表 7.14 是系统参数 par_sys 的元素定义。

表 7.14 系统参数 par_sys 的元素定义

元 素	功 能
intpl_cycle	插补周期

7.3.3 刀具参数

刀具参数的数据结构如下:

```
TYPE _par_tool :
   STRUCT
      length:ARRAY[1..MAX_TOOL_COMP] OF REAL;
      radius:ARRAY[1..MAX_TOOL_COMP] OF REAL;
      actual_hz:REAL;
      actual_r:REAL;
   END_STRUCT
END_TYPE
```

表 7.15 是刀具参数 par_tool 的元素定义。

表 7.15　刀具参数 par_tool 的元素定义

元　素	功　能
length	刀具长度补偿值
radius	刀具半径补偿值
actual_hz	当前使用刀具长度
actual_r	当前使用刀具半径
MAX_TOOL_COMP	系统定义的最大刀具补偿数目(常数全局变量)

7.3.4 坐标系参数

坐标系参数的数据结构如下:

```
TYPE _par_coord_sys :
   STRUCT
      shift:ARRAY[1..MAX_AXIS,1..MAX_COORD_SHIFT] OF REAL;
      rot:ARRAY[1..MAX_AXIS] OF REAL;
      scale:ARRAY[1..MAX_AXIS] OF REAL;
      origin:ARRAY[1..MAX_AXIS] OF REAL;
   END_STRUCT
END_TYPE
```

表 7.16 是 par_coord_sys 的元素定义。

表 7.16 par_coord_sys 的元素定义

元 素	功 能
par_coord_sys.shift[1][1]	机床坐标系 G53.X
par_coord_sys.shift[1][2]	机床坐标系 G53.Y
par_coord_sys.shift[1][3]	机床坐标系 G53.Z
…	…
par_coord_sys.shift[2][1]	坐标偏移 G54.X
par_coord_sys.shift[2][2]	G54.Y
par_coord_sys.shift[2][3]	G54.Z
…	…
par_coord_sys.shift[3][1]	G55.X
par_coord_sys.shift[3][2]	G55.Y
par_coord_sys.shift[3][3]	G55.Z
…	…
par_coord_sys.origin[1]	比例缩放、镜像映射和工件旋转的变换参考点坐标 O_x
par_coord_sys.origin[2]	比例缩放、镜像映射和工件旋转的变换参考点坐标 O_y
par_coord_sys.origin[3]	比例缩放、镜像映射和工件旋转的变换参考点坐标 O_z
…	…
par_coord_sys.scale[1]	比例缩放和镜像映射系数 K_x
par_coord_sys.scale[2]	比例缩放和镜像映射系数 K_y
par_coord_sys.scale[3]	比例缩放和镜像映射系数 K_z
…	…
par_coord_sys.rot[1]	工件绕 X 旋转角度 α
par_coord_sys.rot[2]	工件绕 Y 旋转角度 β
par_coord_sys.rot[3]	工件绕 Z 旋转角度 γ
…	…
MAX_AXIS	系统最大控制轴数（常数全局变量）
MAX_COORD_SHIFT	可设置工件坐标系数目（常数全局变量）

7.4 数据电缆

数据电缆是用于功能模块之间传递数据的变量，使用全局变量定义。本书将数据电缆分为如下 3 类。

（1）主程序数据电缆：在系统主程序 nc_kernel 中使用的数据电缆，在主程序

VAR_GLOBAL 和 DATA TYPE 中定义(图 7.1 中的①)。

(2) 功能库数据电缆：在数控加工程序预处理功能库 pre_process_lib 和人机操作界面功能库 pre_process_lib 中使用的数据电缆，分别在功能库模块 VAR_GLOBAL 和 DATA TYPE 中定义(图 7.1 中的②和③)。

(3) 全局数据电缆：在系统数据结构库 sys_lib 中用 VAR_GLOBAL 和 DATA TYPE 定义(图 7.1 中的④)，主程序 nc_kernel 和功能库 pre_process_lib 以及 pre_process_lib 都可以使用，用于主程序 nc_kernel 与功能库 pre_process_lib 以及 pre_process_lib 数据的交换。

7.4.1 主程序数据电缆定义

主程序数据电缆在主程序 nc_kernel 的 data_type 中定义，包括如下 9 个类型。

(1) 当前运行的数控程序段(cable_actual_nc_block)

读控制指令 read_control_block 模块的输出，是当前运行的数控加工程序段内容，定义如下：

```
TYPE cable_actual_nc_block :
    STRUCT
        text:STRING;
    END_STRUCT
END_TYPE
```

表 7.17 是数据电缆 cable_actual_nc_block 的元素定义。

表 7.17 数据电缆 cable_actual_nc_block 的元素定义

元素	功能
text	当前运行数控加工程序段的内容

(2) 坐标轴位置(cable_axis_pos)

坐标变换模块 coord_trans 输出的坐标轴位置，定义如下：

```
TYPE cable_axis_pos :
    STRUCT
        pos:ARRAY[1..MAX_AXIS] OF LREAL;
    END_STRUCT
END_TYPE
```

表 7.18 是数据电缆 cable_axis_pos 的元素定义。

表 7.18 数据电缆 cable_axis_pos 的元素定义

元素	功能
pos	坐标轴位置
MAX_AXIS	系统最大控制轴数(常数全局变量)

(3) 误差补偿坐标(cable_comp_pos)

误差补偿模块坐标轴位置的输出，定义如下：

```
TYPE _cable_comp_pos :
    STRUCT
        pos: ARRAY[1..MAX_AXIS] OF LREAL;
    END_STRUCT
END_TYPE
```

表 7.19 数据电缆 cable_comp_pos 的元素定义。

表 7.19 数据电缆 cable_comp_pos

元　素	功　能
pos	坐标轴位置
MAX_AXIS	系统最大控制轴数（常数全局变量）

(4) 现场总线驱动程序模块输出(cable_drive_monitor)

现场总线驱动程序模块输出，提供伺服运行状态信息，定义如下：

```
TYPE _cable_drive_monitor :
    STRUCT
        pos:ARRAY[1..MAX_AXIS] OF DINT;
        speed:ARRAY[1..MAX_AXIS] OF DINT;
        torque:ARRAY[1..MAX_AXIS] OF DINT;
        spindle_speed:DINT;
        spindle_torque:DINT;
    END_STRUCT
END_TYPE
```

表 7.20 是数据电缆 cable_drive_monitor 的元素定义。

表 7.20 数据电缆 cable_drive_monitor 的元素定义

元　素	功　能
pos	伺服电机轴当前实际位置
speed	伺服电机轴当前实际速度
torque	伺服电机轴当前实际转矩
spindle_speed	主轴当前实际速度
spindle_torque	主轴当前实际转矩
MAX_AXIS	系统最大控制轴数（常数全局变量）

(5) 机床传动匹配模块输出(cable_drive_pos)

机床传动匹配模块输出的数据电缆,定义如下:

```
TYPE _cable_drive_pos :
   STRUCT
      pos:ARRAY[1..MAX_AXIS] OF LREAL;
   END_STRUCT
END_TYPE
```

表 7.21 是数据电缆 cable_drive_pos 的元素定义。

表 7.21　数据电缆 cable_drive_pos 的元素定义

元　素	功　能
pos	伺服电机轴指令位置
MAX_AXIS	系统最大控制轴数(常数全局变量)

(6) 插补器组件位置输出(cable_intpl_pos)

插补器组件的插补位置输出,定义如下:

```
TYPE _cable_intpl_pos :
   STRUCT
      pos:ARRAY[1..MAX_AXIS] OF LREAL;
   END_STRUCT
END_TYPE
```

表 7.22 是数据电缆 cable_intpl_pos 的元素定义。

表 7.22　数据电缆 cable_intpl_pos 的元素定义

元　素	功　能
pos	插补坐标位置
MAX_AXIS	系统最大控制轴数(常数全局变量)

(7) 手动进给模块输出(cable_jog_pos)

手动进给模块输出的 jog 坐标,定义如下:

```
TYPE _cable_jog_pos :
   STRUCT
      pos:ARRAY[1..MAX_AXIS] OF LREAL;
   END_STRUCT
END_TYPE
```

表 7.23 是数据电缆 cable_jog_pos 的元素定义。

表 7.23 数据电缆 cable_jog_pos 的元素定义

元 素	功 能
pos	手动进给位置坐标
MAX_AXIS	系统最大控制轴数（常数全局变量）

(8) PLC 控制模块的输入/输出（cable_plc_io）

PLC 控制模块的输入/输出，定义如下：

```
TYPE _cable_plc_io :
   STRUCT
      in:ARRAY [1..MAX_PLC_PORT] OF WORD;
      out:ARRAY [1..MAX_PLC_PORT] OF WORD;
   END_STRUCT
END_TYPE
```

表 7.24 是数据电缆 cable_plc_io 的元素定义。

表 7.24 数据电缆 cable_plc_io 的元素定义

元 素	功 能
in	输入接口
out	输出接口
MAX_PLC_PORT	PLC 输入/输出接口数目（常数全局变量）

(9) 系统操作命令（cable_sys_operation）

系统运行管理模块输出的系统操作命令，定义如下：

```
TYPE _cable_sys_operation :
   STRUCT
      intpl_operation:WORD;
      mode:WORD;
      jog_plus:BOOL;
      jog_minus:BOOL;
      jog_stop:BOOL;
      jog_axis:WORD;
      override:WORD;
      device_com:WORD;
      nc_prog_name:STRING;
      read_new_control_block:WORD;
   END_STRUCT
END_TYPE
```

表 7.25 是数据电缆 cable_sys_operation 的元素定义。

表 7.25 数据电缆 cable_sys_operation 的元素定义

名 称	功 能
intpl_operation	插补器运行命令
mode	系统工作方式
jog_plus	手动进给——正方向
jog_minus	手动进给——负方向
jog_stop	手动进给——运动停止
jog_axis	手动进给轴选择
override	进给倍率
device_com	现场总线运行控制
nc_prog_name	设定数控加工程序名
read_new_control_block	打开一段新的数控加工程序

7.4.2 系统全局数据电缆定义

系统全局数据电缆在 sys_lib(如图 7.1 所示)中定义，包括 5 类：
(1) 插补指令段(cable_intpl_block)

```
TYPE _cable_intpl_block :
    STRUCT
        start_position:ARRAY [1..MAX_AXIS] OF LREAL;
        end_position:ARRAY [1..MAX_AXIS] OF LREAL;
        centre:ARRAY [1..MAX_AXIS] OF LREAL;
        feed_prog:REAL;
        feed_next_block:REAL;
        g0123:WORD;
        g1789:WORD;
        g07:WORD;
        state:WORD;
    END_STRUCT
END_TYPE
```

表 7.26 是数据电缆 cable_intpl_block 的元素定义。

表 7.26 数据电缆 cable_intpl_block 的元素定义

元 素	功 能
G0123	插补线段类型： 1：G01 直线 2：G02 顺时针圆弧 3：G03 逆时针圆弧
G1789	圆弧插补平面选择： 17：G17 $X-Y$ 平面插补 18：G18 $Z-X$ 平面插补 19：G19 $Y-Z$ 平面插补
G07	其他插补类型
start_position	插补线段起点坐标
end_position	插补线段终点坐标
centre	圆弧插补中心坐标
feed_prog	编程进给速度
feed_next_block	插补终点进给速度
state	插补线段处理状态
MAX_AXIS	系统定义的最大控制轴数(常数全局变量)

(2) 机床坐标位置(cable_machine_coord)

插补器输出的位置指令，定义如下。

```
TYPE _cable_machine_coord :
   STRUCT
      pos:ARRAY[1..MAX_AXIS] OF LREAL;
   END_STRUCT
END_TYPE
```

表 7.27 是数据电缆 cable_machine_coord 的元素定义。

表 7.27 数据电缆 cable_machine_coord 的元素定义

元 素	功 能
pos	坐标轴位置
MAX_AXIS	系统定义的最大控制轴数(常数全局变量)

(3) PLC 指令段(cable_plc_block)

数控加工程序预处理功能块(译码器)输出的 PLC 指令，定义如下。

```
TYPE _cable_plc_block :
   STRUCT
      m_code:ARRAY [1..MAX_M_CODE_IN_BLOCK] OF WORD;
      t_code:WORD;
      s_code:WORD;
      n_code:STRING;
   END_STRUCT
END_TYPE
```

表 7.28 是数据电缆 cable_plc_block 的元素定义。

表 7.28 数据电缆 cable_plc_block 的元素定义

元 素	功 能
m_code[..]	M 指令
t_code	T 指令
s_code	S 指令
n_code	N 指令
MAX_M_CODE_IN_BLOCK	每个数控加工程序语句允许包含的最大 M 指令数目（常数全局变量）

(4) 伺服参数数据电缆(cable_servo_par)

用于操作和显示界面模块(系统参数设定)对伺服参数的读写，定义如下：

```
TYPE _cable_servo_par :
   STRUCT
      servo_number:WORD;
      id_number:WORD;
      value:DINT;
      command:WORD;
      state:WORD;
   END_STRUCT
END_TYPE
```

表 7.29 是数据电缆 cable_servo_par 的元素定义。

表 7.29 数据电缆 cable_servo_par 的元素定义

元 素	功 能
servo_number	伺服轴编号
id_number	读写操作参数编号
value	参数值

续表 7.29

元 素	功 能
command	操作命令类型(读写)
state	命令执行结果(状态)

(5) 菜单键数据电缆(cable_softkey)

人机操作界面触摸键的输出代码,定义如下。

```
TYPE _cable_softkey :
    STRUCT
        index:ARRAY[1..MAX_SOFTKEY,0..MAX_SOFTKEY] OF BOOL;
    END_STRUCT
END_TYPE
```

表 7.30 是数据电缆 cable_softkey 的元素定义。

表 7.30 数据电缆 cable_softkey 的元素定义

元 素	功 能
index	菜单键代码
MAX_SOFTKEY	最大菜单键数目(常数全局变量)

7.4.3 数控加工程序预处理功能库数据电缆

(1) 控制指令缓冲区 FIFO 信息

```
TYPE _cable_control_fifo_info :
    STRUCT
        free_unit:WORD;
    END_STRUCT
END_TYPE
```

表 7.31 是数据电缆 cable_control_fifo_info 的元素定义。

表 7.31 数据电缆 cable_control_fifo_info 的元素定义

元 素	功 能
free_unit	数据缓冲区 FIFO 可供写入的剩余空间

(2) 运动控制指令段

```
TYPE _cable_motion_block :
    STRUCT
        pos_start:ARRAY[1..MAX_AXIS] OF LREAL;
```

```
            pos_end:ARRAY[1..MAX_AXIS] OF LREAL;
            pos_centre:ARRAY[1..MAX_AXIS] OF LREAL;
            pos_end_next:ARRAY[1..MAX_AXIS] OF LREAL;
            pos_centre_next:ARRAY[1..MAX_AXIS] OF LREAL;
            g0123:WORD;
            g4012:WORD;
            g0123_next:WORD;
            g4012_next:WORD;
            g1789:WORD;
            g53_9:WORD;
            g501:WORD;
            g689:WORD;
            g439:WORD;
            g07:WORD;
            d:WORD;
            h:WORD;
            feed:REAL;
            feed_next:REAL;
    END_STRUCT
END_TYPE
```

表 7.32 是数据电缆 cable_motion_block 的元素定义。

表 7.32　数据电缆 cable_motion_block 的元素定义

元　素	功　能
pos_start	插补线段起点坐标
pos_end	插补线段终点坐标
pos_centre	圆弧插补线段圆心坐标，圆弧插补时使用
pos_end_next	后续插补线段终点，刀具半径补偿时使用
pos_centre_next	后续圆弧插补线段圆心坐标，刀具半径补偿时使用
g0123	插补线段类型： 1：G01 直线插补 2：G02 顺时针圆弧插补 3：G03 逆时针圆弧插补
g40123	刀具半径补偿类型： 40：G40 取消刀具半径补偿 41：G41 刀具半径左侧偏移 42：G42 刀具半径右侧偏移

续表 7.32

元 素	功 能
g1789	插补平面选择： 17：G17 X—Y 平面插补 18：G18 Z—X 平面插补 19：G19 Y—Z 平面插补
g0123_next	后续插补线段类型
g40123_next	后续刀具半径补偿类型
g53_9	53：G53 指定的工件坐标系偏移量有效 54：G54 指定的工件坐标系偏移量有效 ⋮ 59：G59 指定的工件坐标系偏移量有效
g501	50：G50 取消比例缩放、镜像映射变换功能 51：G51 使能比例缩放、镜像映射变换功能
g689	68：G68 使能工件旋转功能 69：G69 取消工件旋转功能
g439	43：G43 刀具长度补偿有效 49：G49 取消刀具长度补偿
g07	其他类型插补功能
d	刀具半径补偿号
h	刀具长度补偿号
feed	进给速度
feed_next	后续插补线段进给速度
MAX_AXIS	系统定义的最大控制轴数（常数全局变量）

(3) 数控程序段

```
TYPE _cable_nc_block :
   STRUCT
       actual_block:STRING;
       next_intpl_block:STRING;
   END_STRUCT
END_TYPE
```

表 7.33 是数据电缆 cable_nc_block 的元素定义。

表 7.33 数据电缆 cable_nc_block 的元素定义

元 素	功 能
actual_block	当前数控加工程序语句
next_intpl_block	下一个插补程序语句

(4) 数控加工程序缓冲区信息

```
TYPE _cable_prog_fifo_info :
   STRUCT
       free_unit:WORD;
   END_STRUCT
END_TYPE
```

表 7.34 是数据电缆 cable_prog_fifo_info 的元素定义。

表 7.34　数据电缆 cable_prog_fifo_info 的元素定义

元　素	功　能
free_unit	数控加工程序缓冲区 FIFO 可供写入的剩余空间

(5) 读数控加工程序命令

```
TYPE _cable_read_prog:
   STRUCT
       prog_name:STRING;
       read_segment:WORD;
   END_STRUCT
END_TYPE
```

表 7.35 是数据电缆 cable_prog_fifo_info 的元素定义。

表 7.35　数据电缆 cable_prog_fifo_info 的元素定义

元　素	功　能
prog_name	数控加工程序文件名称
read_segment	每次调用允许读入的最大程序段长度

7.5　主程序和功能库程序内部变量数据结构

主程序和功能库程序内部使用的数据结构定义，供程序内部功能模块使用。

7.5.1　主程序组件变量数据结构

主程序 nc_kernel 的插补器组件 module_interpolator 使用了组件变量数据结构(图 7.1 中的①)，供插补组件内部的各个功能模块使用，定义如下：

```
TYPE _md_var_intpl:
   STRUCT
```

```
        override:REAL;
        v_prog:REAL;
        v_end:REAL;
        v_now:REAL;
        v_slop_now:REAL;
        remainder_way:LREAL;
        slop_control:WORD;
        intpl_control:WORD;
        intpl_state:WORD;
        slop_state:WORD;
        line_intpl_pos:ARRAY[1..MAX_AXIS] OF LREAL;
        circle_intpl_pos:ARRAY[1..MAX_AXIS] OF LREAL;
        g07_intpl_pos:ARRAY[1..MAX_AXIS] OF LREAL;
        cable_intpl_pos:_cable_intpl_pos;
    END_STRUCT
END_TYPE
```

表 7.36 是 md_var_intpl 的元素定义。

表 7.36 md_var_intpl 的元素定义

元　素	功　能
override	当前进给倍率
v_prog	编程进给速度
v_end	插补终点速度
v_now	当前设定速度
v_slop_now	当前升降速处理速度
remainder_way	剩余路程
intpl_control	插补命令
intpl_state	插补状态
slop_control	升降速命令
slop_state	升降速状态
line_intpl_pos	直线插补输出位置
circle_intpl_pos	圆弧插补输出位置
g07_intpl_pos	G07 类插补输出位置
cable_intpl_pos	插补器输出数据电缆
MAX_AXIS	系统定义的最大控制轴数(常数全局变量)

7.5.2 数控加工程序预处理功能库内部变量数据结构

数控加工程序预处理功能库包含 3 个内部变量数据结构：

(1) 译码单词定义(dec_word)

```
TYPE _dec_word :
   STRUCT
      char:BYTE;
      value:LREAL;
   END_STRUCT
END_TYPE
```

表 7.37 是数据 dec_word 的元素定义。

表 7.37 数据 dec_word 的元素定义

元 素	功 能
char	程序代码字符
value	程序代码后面跟随的数值

(2) 准备机能和辅助机能译码变量

```
VAR_GLOBAL
   dec_gdf_function:_gl_gdf_function;
   dec_mnst_function:_gl_mnst_function;
END_VAR
```

① 准备机能译码变量 dec_gdf_function 使用数据类型_gl_gdf_function 定义(参见 7.2(2))，用于保存与准备机能相关的指令代码；

② 辅助机能译码变量 dec_mnst_function 使用数据类型_gl_mnst_function 定义，(参见如 7.2(3))，保存与辅助机能相关的指令代码；

(3) 位置指令译码变量(xyz_dimension)

与坐标位置控制相关的指令代码数值被存储到 xyz_dimension 结构对应的元素中，形成后续的控制命令。

```
TYPE _xyz_dimension:
   STRUCT
      x:LREAL;
      y:LREAL;
      z:LREAL;
      a:LREAL;
      b:LREAL;
      c:LREAL;
```

```
        i:LREAL;
        j:LREAL;
        k:LREAL;
    END_STRUCT
END_TYPE
```

表 7.38 是 xyz_dimension 的元素定义。

表 7.38　xyz_dimension 元素定义

变　量	数值定义
x	X 轴坐标值
y	Y 轴坐标值
z	Z 轴坐标值
a	A 轴坐标值
b	B 轴坐标值
c	C 轴坐标值
i	X 轴方向圆心坐标
j	Y 轴方向圆心坐标
k	Z 轴方向圆心坐标

附录 A ISO 6983 数控编程指令标准

A.1 字符集

附表 A.1 是 ISO 6983 的字符定义。

附表 A.1 字符定义

字 符	功 能
A	绕 X 轴的转角
B	绕 Y 轴的转角
C	绕 Z 轴的转角
D	第 2 刀具功能
E	第 2 进给功能
F	第 1 进给功能
G	准备功能
H	未规定
I	平行于 X 轴的插补参数或螺纹导程
J	平行于 Y 轴的插补参数或螺纹导程
K	平行于 Z 轴的插补参数或螺纹导程
L	未规定
M	辅助功能
N	程序序号
O	未规定
P	平行于 X 的参数
Q	平行于 Y 的参数
R	平行于 Z 的参数
S	主轴转速功能
T	第 1 刀具功能
U	平行于 X 的第 2 坐标

续表 A.1

字 符	功 能
V	平行于 Y 的第 2 坐标
W	平行于 Z 的第 2 坐标
X	基础坐标 X 值
Y	基础坐标 Y 值
Z	基础坐标 Z 值
0	数字 0
1	数字 1
2	数字 2
3	数字 3
4	数字 4
5	数字 5
6	数字 6
7	数字 7
8	数字 8
9	数字 9
%	程序开始
(	注释文字块开始
)	注释文字块结束
+	正号
,	逗号
-	负号
.	小数点
/	跳过程序段标志
:	对齐功能
=	等号
TAB	制表
LF/NL	程序段结束
CR	回车
SP	空格
DEL	删除

A.2 G 指令集

附表 A.2 是准备功能 G 代码指令集；附表 A.3 是固定循环的 G 代码指令集。

附表 A.2 准备功能 G 代码指令集

代 码	功 能
G00	快速定位
G01	直线插补
G02	顺时针方向圆弧插补
G03	逆时针方向圆弧插补
G04	暂停
G05	未规定
G06	抛物线插补
G07~G08	未规定
G09	准确定位
G10~G16	未规定
G17	XY 平面选择
G18	ZX 平面选择
G19	YZ 平面选择
G20~G24	未规定
G25~G29	永不规定
G30~G32	未规定
G33	等螺距螺纹切削
G34	增螺距螺纹切削
G35	减螺距螺纹切削
G36~G39	永不规定
G40	取消刀具补偿
G41	刀具左偏补偿
G42	刀具右偏补偿
G43	刀具正向偏移
G44	刀具负向偏移
G45~G52	未规定

续表 A.2

代 码	功 能
G53	取消原点偏移
G54~G59	原点偏移
G60	准确定位
G61~G62	未规定
G63	攻丝
G64	连续进给速度运动(无程序段间减速)
G65~G69	未规定
G70	英制尺寸输入
G71	公制尺寸输入
G72~G73	未规定
G74	回参考点
G75~G79	未规定
G80	取消固定循环
G81~G89	固定循环
G90	绝对尺寸编程
G91	增量尺寸编程
G92	预置数据
G93	以程序段运行时间指定的进给率
G94	每分钟进给率
G95	每转进给率
G96	恒定表面速度控制
G97	以每分钟转数指定主轴转速
G98~G99	未规定
G100~G999	未规定

附表 A.3 固定循环 G 代码指令集

固定循环代码	进 入	在底部		退出到循环开始处	典型用途
		暂 停	主 轴		
G81	编程进给速度	—	—	快速	钻孔
G82	编程进给速度	有	—	快速	钻孔、扩孔
G83	间歇进给速度	—	—	快速	深孔钻

续表 A.3

固定循环代码	进入	在底部		退出到循环开始处	典型用途
		暂停	主轴		
G84	编程进给速度	—	反转	编程进给速度	攻丝
G85	编程进给速度	—	—	编程进给速度	镗孔
G86	编程进给速度	—	停止	快速	镗孔
G87	编程进给速度	—	停止	手动	镗孔
G88	编程进给速度	有	停止	手动	镗孔
G89	编程进给速度	有	—	编程进给速度	镗孔

A.3 M 指令集

附表 A.4 是辅助功能 M 代码指令集。

附表 A.4 辅助功能 M 代码指令集

代码	功能
M00	程序暂停
M01	可选择程序暂停
M02	程序结束
M03	主轴顺时针方向启动
M04	主轴逆时针方向启动
M05	主轴停止
M06	换刀
M07	2 号冷却液开
M08	1 号冷却液开
M09	冷却液关
M10	工件卡紧
M11	工件释放
M30	纸带结束
M48	取消 M49
M49	附加进给倍率修正
M60	更换工件

附录 B 自定义指令代码

附表 B.1 是本书程序示例所使用的部分自定义 G 指令代码；附表 B.2 是自定义字符集。

附表 B.1 自定义 G 指令代码

代 码	功 能
G07	其他插补类型
G43	刀具长度补偿有效
G49	取消刀具长度补偿
G50	取消比例缩放、镜像映射
G51	比例缩放、镜像映射
G68	工件旋转
G69	取消工件旋转

附表 B.2 自定义字符集

代 码	功 能
D	刀具半径补偿号
H	刀具长度补偿号

参考文献

[1] 中国国家标准管理委员会. GB/T 15969.3－2005 可编程序控制器－第 3 部分：编程语言 [S].2006.

[2] Karl-Heinz John,Michael Tiegelkamp. IEC 61131－3: Programming Industrial Automation System [M]. Springer-Verlag Press, Berlin, 2001.

[3] 林小峰，宋春宁，宋绍剑，等. 基于IEC61131－3 标准的控制系统及应用[M]. 北京：电子工业出版社, 2007.

[4] 彭瑜，何衍庆. IEC 61131－3 编程语言及应用基础[M]. 北京：机械工业出版社, 2009.

[5] International Standard. ISO 6983: Automation systems and Intergration – Numerical control of machines – Program format and definitions of address words [S]. 2009.

[6] SIEMENS. SINUMERIK 840D sl NCU Manual. 6FC5397-0AP10-2BA0 [EB/CD], 2007.

[7] GE Fanuc Automation [EB/CD]. F30i-A (SpecC)-07, 2008.

[8] R.P. Paul. Robot Manipulators: Mathematics, Programming and Control [M]. MIT Press, Cambridge, MA, 1981.

[9] AMK. AMK-specific fundamentals for working with the PLC programming system CoDeSys [EB/DK].

[10] Beckhoff Inc. Beckhoff Information System [EB/CD], 2007-12. Products & Solution CD, 2007.

[11] 德国倍福电气有限公司. TwinCAT PLC 编程手册[EB/CD], 2005.

[12] Smart Software Solutions GmbH. CoDeSys Visualization – Supplement to the User Manual for PLC Programming with CoDeSys 2.3 [EB/CD], 2006.

[13] 毕承恩，丁乃建，等. 现代数控机床[M]. 北京：机械工业出版社, 1991.